故宮裏的大怪獸

MONSTERS IN THE FORBIDDEN CITY

4 追蹤驪龍

常怡 ✷ 著

中華教育

故宮裏的大怪獸 ❹

追蹤饕龍

常怡 / 著
麼麼鹿 / 繪

責任編輯　楊　歌
裝幀設計　陳淑娟
排　版　陳先英
地圖繪製　蔣和平
印　務　劉漢舉

出版　　**中華教育**

香港北角英皇道四九九號北角工業大廈一樓B
電話：（852）2137 2338
傳真：（852）2713 8202
電子郵件：info@chunghwabook.com.hk
網址：http://www.chunghwabook.com.hk

發行　　**香港聯合書刊物流有限公司**

香港新界大埔汀麗路三十六號
中華商務印刷大廈三字樓
電話：（852）2150 2100
傳真：（852）2407 3062
電子郵件：info@suplogistics.com.hk

印刷　　**美雅印刷製本有限公司**

香港觀塘榮業街六號海濱工業大廈四樓A室

版次　　**2020年1月第1版第1次印刷**

©2020 中華教育

規格　　**32開（210mm×153mm）**

ISBN　　**978-988-8674-67-1**

本書主角

李小雨

十一歲，小學五年級。因為媽媽是故宮文物庫房的保管員，所以她可以自由進出故宮。意外撿到一枚神奇的寶石耳環後，發現自己竟聽得懂故宮裏的神獸和動物講話，與怪獸們經歷了一場場奇幻冒險之旅。

梨花

故宮裏的一隻漂亮野貓，是古代妃子養的「宮貓」後代，有貴族血統。她是李小雨最好的朋友。同時她也是故宮暢銷報紙《故宮怪獸談》的主編，八卦程度讓怪獸們頭疼。

楊永樂

十一歲，夢想是成為偉大的薩滿巫師。因為父母離婚而被舅舅領養。舅舅是故宮失物認領處的管理員。他也常在故宮裏閒逛，與殿神們關係不錯，後來與李小雨成為好朋友。

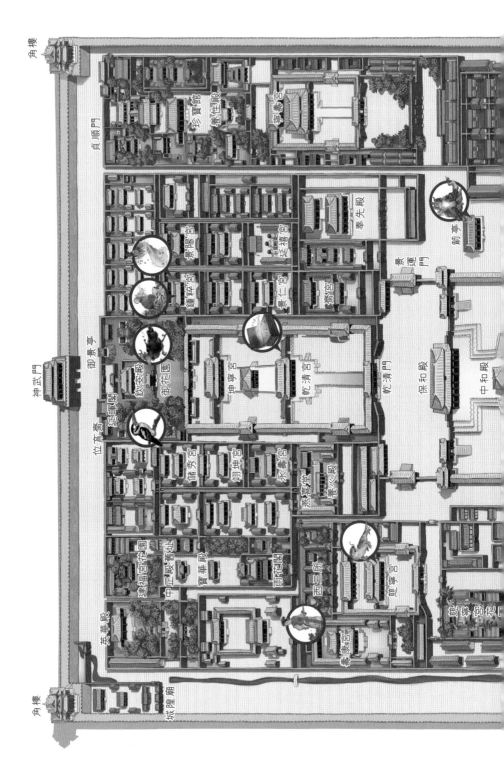

故宮怪獸地圖

角色檔案

驪（lí）龍

身披黑色鱗片的龍，因在睡着時被人類偷走了寶珠而變得緊張兮兮的。他的忽然消失讓故宮裏亂成一團。

絨球

小啄木鳥，是故宮裏名副其實的「闖禍王」。他還是幼鳥時，在慈寧宮花園被楊永樂撿到，從此成為楊永樂和李小雨的寵物。

角色檔案

飛廉

擁有鹿頭、鳥身的怪獸。天生擁有操縱風和氣息的能力，他夢想成為一名藝術家，卻遭到故宮裏動物們的嘲笑。

守宮

看守慈寧宮宮門的蜥蜴。外形和普通蜥蜴差不多，實際卻是一個怪獸。他曾經被其他怪獸嘲笑，後來大家才知道，他小小的身體裏蘊含強大的能量。

角色檔案

桃花仙子

美麗的桃花花仙。花仙們的節日——花朝節就要到了，桃花仙子的花神衣卻丟了。至於誰偷了她的花神衣，那可真讓人大跌眼鏡啊！

諦聽

守護地藏菩薩的怪獸。他長着老虎頭、狗耳、龍身、獅尾和麒麟腳，有一個了不起的本領——通過「聽」來辨別世間萬物。無論是人還是動物，神仙還是鬼怪，誰都不敢在諦聽面前說謊。

角色檔案

饅頭

長春宮的白色波斯貓。他的祖先是隆裕皇后最寵愛的御貓，他的家族世世代代流傳着一個關於太和門的祕密。沒想到，這個祕密居然是真的！

羽人

長得很像人類，身後卻有大大的翅膀，腦袋兩側有一對高出頭頂的大耳朵，小腿上還覆蓋着羽毛。傳說他們會製作「長生不老藥」，這使他們在狐仙集市上的攤位格外受歡迎。

目　錄

1
追蹤驪龍

　　一則啟事被刊登在《故宮怪獸談》最明顯的位置，我
吃了一驚──這可是從來沒有過的事情。

　　我是李小雨，現在上小學五年級。因為媽媽是故宮文

物庫房保管員，所以我經常會陪加班的媽媽住在故宮裏。野貓梨花是我最好的朋友，她也是故宮裏最著名的「貓仔」，專門追蹤怪獸、神仙、動物們的八卦新聞並將其刊登在《故宮怪獸談》上。這讓《故宮怪獸談》成為故宮裏最受歡迎的報紙。

梨花雖然在其他事情上喜歡偷懶，嘴還特別饞，但卻是非常勤奮的記者。所以，《故宮怪獸談》還從來沒有過「休刊」這種事情。「去看看是怎麼回事吧！」我一邊想，一邊朝珍寶館的院子走去。

已經到春天了。故宮裏的柳樹抽出嫩芽，閃着銀色的、濕潤的光。陽光照在宮殿的琉璃瓦屋頂上，滿眼是鮮亮的黃色。

梨花不在珍寶館。珍寶館的野貓大黃告訴我，她一早就出去了，連午飯都沒回來吃。這更讓我奇怪了，梨花從來不會錯過吃飯的時間，除非……故宮裏出了甚麼特大新聞！

她會去哪兒呢？

我走回媽媽的辦公室，才進門就發現裏面亂成一團。屋子裏擠滿了人，正激烈地爭論着甚麼。從他們的爭論中，可以依稀聽到「莫名其妙」「丟失」「文物被盜」這些嚇人的詞句，而媽媽一直緊緊皺着眉頭。最近幾個星期，媽媽一直在

為一場大型展覽做準備，但我從沒見她這樣發愁過。

我悄悄地退了出來，打算去東華門再找找梨花，路過箭亭的時候，一羣穿着深藍色制服的警察急匆匆地與我擦身而過。哎呀，來了這麼多的警察，看來故宮裏真是出大事了！

我沿着故宮紅牆的陰影慢慢地走着，風吹亂了我的頭髮。我撩開擋住眼睛的頭髮，看到一隻白貓的影子在眼前一閃而過。

是梨花！

「喂！等等我！」

「咦？喵──」梨花從紅牆上回過頭，「啊，是小雨啊。」

今天的梨花看起來與往常非常不一樣。不知道她從哪裏弄來了一件短風衣，頭上還戴着小巧的獵鹿帽。

「梨花，你……」

「請叫我『福爾摩斯喵』。」她一本正經地說。

「『福爾摩斯喵』是甚麼意思？」我沒聽明白。

「我現在不再是普通的野貓，而是一名大偵探了。喵──」梨花挺着胸脯說，「龍大人親自任命的『福爾摩斯喵』偵探。」

「哇！」我忍住沒笑出聲，問，「龍大人為甚麼要這麼做呢？」

梨花壓低聲音說:「你沒聽說嗎?故宮裏出了一宗神祕的案件,龍大人認為只有我能查明真相。」

我眼睛都瞪圓了,問:「是甚麼樣的案件呢?」

「你聽說過箭亭正在舉辦的展覽嗎?喵——」

我點點頭,那是故宮裏很重要的展覽。曾經在戰火中流失,後來被全國各大博物館找到並珍藏的故宮文物都會被重新送回故宮裏展覽。媽媽就是為了這個展覽,連續幾個星期都沒睡好覺。

「那你知道著名的 95 號文物嗎?喵——」梨花擺出一副要考考我的樣子。

「95 號文物?」我還是第一次聽說用數字編號的文物。

看我不知道,梨花得意地翹了翹鬍子:「95 號文物,指的是故宮檔案中被列為流失文物第 95 號的乾隆驪龍護珠白玉壺。它曾經被一名俄國士兵從故宮裏偷走,後來被一名中國商人買回家收藏。這位商人的後代把它捐獻給了山東省煙台市博物館。這次在箭亭展出的文物裏就有它,它可是煙台市博物館的鎮館之寶呢。」

「難道是那個白玉壺丟了?」我猜道。

「不,白玉壺沒有丟,喵——」梨花說。

我剛鬆了口氣,梨花卻又接着說:「是壺上面的驪龍逃跑了!」

「你的意思是驪龍……他自己逃跑了？」

「應該是這樣的。喵──」梨花微微一笑說，「但是故宮裏的工作人員卻認為，是有人把他從壺上敲下來偷走的。他們不認為一個怪獸會自己復活。」

「他──我是說驪龍，跑到哪兒去了？」我急着問。

「沒人知道。連龍大人都不知道，所以他才指派我──『福爾摩斯喵』，去尋找驪龍的下落。喵──」梨花的鬍子翹得更高了。

「朝天吼為甚麼不出面？他不是故宮裏的大偵探嗎？」

「別忘了，朝天吼是不能在白天出現的。喵──」梨花說，「何況，如果是找怪獸的話，故宮裏應該沒有人比我更厲害了。」

梨花說得沒錯，作為一隻八卦貓，她總能隨時隨地出現在怪獸們身邊，並發現他們的祕密。

「好了，我要去破案了。喵──」她壓低了帽檐。這動作我看着很眼熟，很像《大偵探福爾摩斯》和《名偵探柯南》裏的經典動作。

「等等！梨花……不，『福爾摩斯喵』。」我叫住她，「我想和你一起去。如果驪龍找不回來，我媽媽很可能要被調查，她是這次展覽的負責人。所以，我想幫點兒忙。」

梨花猶豫了幾秒鐘，點點頭說：「你可以做我的助手，

如果你願意我稱你為『華生』的話。喵——」

「你還是叫我『李小雨』比較好。」我翻了個白眼，看來梨花真當自己是大偵探福爾摩斯了。

我們立刻開始了工作，首先是分析驪龍有可能去的地方有哪些。箭亭他肯定進不去，警察已經封鎖了那座宮殿所有的大門。於是，我們決定先去故宮圖書館查詢有關驪龍的資料。

「古人們怎麼說來着？知己知彼，百戰不殆。喵——」梨花搖晃着腦袋說。圖書館是禁止野貓進入的，我只能偷偷地把梨花藏進書包裹。

「小雨？少見啊。」圖書管理員董阿姨看到我有些吃驚，「你今天怎麼跑到圖書館來了？」

「董阿姨，您知道哪本書裏有關於驪龍的故事嗎？」我問。

「驪龍這個怪獸的資料可不多。」董阿姨想了一下才說，「不過如果我沒記錯的話，你在《莊子》裏找找看。嗯……讓我查查看，《莊子》在42號書架的第三層。」

「謝謝您。」

「不客氣，不過你要抓緊時間，我馬上就要下班了。」

「好的，我會快一點兒的。」

找到《莊子》很容易，它緊挨着厚厚的《論語》精裝

書。但想在一整本書裏找到驪龍的故事可就不太容易了。我飛快地翻看書頁，密密麻麻的繁體字在我的腦海裏變成一幅幅生動的畫面：化成鳥的大魚、被奉為神木的大樹、下巴藏在肚臍下面的人、想為混沌砸出七竅的海神……啊，我看見他了，驪龍！他正躺在黑幽幽的水底熟睡，一個年輕人正在偷偷接近他……

「找到了！」

「在哪兒？喵——」梨花從書包裏探出腦袋。

「這裏。」我指着書頁，「《列禦寇》裏，莊子講了一個故事。古代有個靠編織蒿草簾為生的人，他的兒子潛入深深的水底，得到一枚價值千金的寶珠。他對兒子說：『這種寶珠必定出自深潭底驪龍的下巴下面。你一定是趁他睡着時摘來的，如果驪龍當時醒過來，你就沒命了』。」

梨花一個勁兒地點頭：「沒錯，沒錯，我聽說驪龍有個怪毛病，喜歡把寶珠藏在下巴下面，睡覺的時候也不覺得硌得慌嗎？喵——」

「你說那個白玉壺叫甚麼名字？」我腦海裏閃過一個念頭。

「驪龍護珠白玉壺，喵——」

「護珠……」我靈光一閃，「驪龍會不會是因為保護寶珠，才離開箭亭的？」

「你是說，有人想偷驪龍的寶珠，所以驪龍才找地方藏了起來？喵——」梨花瞇起眼睛，「很有可能。」

「那他會藏到甚麼地方去呢？」

「只要驪龍藏在故宮裏，就逃不出我『福爾摩斯喵』的眼睛。」梨花得意地說，「我已經發動了全故宮的野貓去找他，誰找到就能得到一盒金槍魚貓罐頭和一整袋小魚乾。喵——」

我奇怪地看着她：「你哪兒來的貓罐頭和小魚乾？」

「這個問題嘛……」梨花瞥了我一眼說，「我準備交給我的助手——李小雨來解決。喵——」

「你打算讓我去買？」

「喂，別忘了，是你自己主動要求當我的助手……」

梨花的話還沒說完，我們突然覺得周圍的氣氛有點兒不對勁——董阿姨不知道甚麼時候已經站在了我們面前，氣得眼睛都瞪圓了。

「我想你應該知道，圖書館是堅決不允許野貓進來的。」

「對不起，董阿姨，我這就帶她出去。」我迅速站起來，抱起書包轉身就朝大門跑。

「如果被我發現那隻貓撓花了我的書，我一定會告訴你媽媽的！」董阿姨在我身後大聲叫道。看她那個樣子，估

計很長一段時間裏，我都別想再進圖書館了。

我們剛跑出壽安宮，就碰到了野貓平安。他在梨花耳邊悄悄說了幾句話後，就小跑着離開了。

「有甚麼消息嗎？」我問。

「不是好消息，喵——」梨花皺着眉頭說，「野貓沒有在故宮裏發現驪龍的身影。」

我有些吃驚，要知道，在故宮的各個角落裏生活着幾百隻野貓，如果驪龍那麼大的怪獸真的藏在故宮裏，他們一定能發現點兒甚麼。

「難道他已經離開故宮，飛回大海或者深潭裏去了？」

「年輕人，你不了解怪獸，他們非常小心。如果一條黑龍在大白天飛過北京城的話，是不可能沒有人看到的。要是那樣，現在擠在故宮裏的就不應該是警察，而是各大媒體的記者了。喵——」

梨花說得有道理，但我仍想不明白：「如果你找不到他的行蹤，又怎麼能確定驪龍還待在故宮裏呢？」

「憑直覺，我能感覺到他。喵——」梨花再次瞇起了眼睛。天已經黑了，一輪鮮黃的月亮升上了天空，我準備去食堂吃晚飯。

「需要你幫忙的時候，我會再來找你。喵——」說完，梨花就離開了。但在這之後，梨花居然整整消失了兩天。

這兩天裏，我無時無刻不在擔憂。媽媽已經去警察局接受過調查了，箭亭的展覽也因為文物損壞而被無限期推遲。每天早晨醒來，我都會打開門和窗戶，期待見到梨花的身影，期盼她能給我帶來好消息。但每次開門，迎接我的都是失望。

到了第三天，我對梨花的信心開始動搖。我懷疑這傢伙因為找不到驪龍沒法交差，找個角落躲起來了。要是連梨花都找不到，誰還能找到驪龍呢？一想到這個問題，我就無比鬱悶。傍晚的時候，梨花終於在我面前出現了。她依然戴着獵鹿帽，穿着短風衣，只是上面沾滿了泥漿。

「你這兩天去哪兒了？」我着急地問，「快說說，找到驪龍了嗎？」

「當然，別忘了我是誰，我可是『福爾摩斯喵』。」她看起來很疲憊，但眼睛閃閃發亮。

我鬆了一口氣：「太好了！驪龍在哪兒？」

「在一個我去不了的地方。喵——」梨花說，「所以，我才來找你幫忙。」

我的心又提了起來，連梨花都去不了的地方……我問：「你說的那個地方不是地獄吧？」

「當然不是！別忘了，我說過驪龍不會離開故宮，我『福爾摩斯喵』的判斷怎麼可能出錯？驪龍就藏在故宮裏，

只不過那個地方……喵——」梨花翻了個白眼。

「好吧，我去找他。他藏到哪兒了？」

「你恐怕也很難找到他。喵——」梨花說，「小雨，這次恐怕要找吻獸幫忙。故宮裏能請動吻獸的人，除了龍大人，也只有你了。」

我睜大眼睛問：「到底是甚麼地方？只有吻獸才能去嗎？」

梨花歎了口氣說：「是的，因為驪龍藏到了金水河的河底。喵——」

「金水河的河底？那你是怎麼知道的？」

「當然是用我智慧的大腦進行嚴謹的推理分析……哎喲，別拿我帽子啊！喵——」梨花跳着去抓我手裏的獵鹿帽。

「快說實話，我就把帽子還給你。」我把帽子舉得高高的。

梨花噘起嘴說：「好吧，是金水河裏的鯉魚告訴我的。現在可以把帽子還給我了吧？喵——」

我點點頭，如果是這樣，這個消息應該是真的。我把帽子扣到梨花頭上，轉身朝武英殿走去。吻獸最近一段時間很喜歡待在那兒。武英殿是金水河邊上的宮殿，而吻獸是「水精」，喜歡待在靠近水的地方。

高高的武英殿屋頂上，一個龍頭、魚身的怪獸安靜地趴在那裏，月光照在他的鱗片上，閃着淡綠色的光。

　　「吻獸！」我輕聲呼喚他。

　　幾秒鐘後，吻獸就「呼」地出現在我和梨花的面前。

　　「小雨，有甚麼事嗎？」無論甚麼時候聽，吻獸的聲音都那麼好聽。

　　「我想請你幫個忙。驪龍從箭亭展覽的展品上逃跑了，他潛入金水河的河底躲了起來。你能不能幫我勸他出來？」

　　「驪龍啊……雖然我們之前沒有打過交道，但聽說他是一個不太好說話的怪獸。」吻獸看起來有點兒為難，「我不知道他會不會聽從我的勸告。」

　　「求求你了，吻獸。」我可憐巴巴地說，「如果他不回到展品上，我媽媽可能會被當作小偷抓起來。」

　　吻獸的眼睛一下子瞪得老大：「如果是這樣的話，就算硬拖，我也要把他從河底拖上來。」

　　「謝謝你，吻獸，謝謝你！」

　　吻獸抽動了一下魚尾，猛地朝上一躍，一頭扎進了金水河。

　　我和梨花等在岸邊，一動不動地望着河水。這是一個沒有風的晚上，河水平靜得像面鏡子。不知道等了多久，我的腿都蹲痠了，河面上終於泛起了一道又一道的波紋，

浮在水面上的月亮的影子滴溜溜地旋轉起來。很快，吻獸「噗」的一聲浮了上來，隨後，一條披着黑色魚鱗的龍也冒了出來。他們同時飛上河岸，月光之下，像黑色和綠色的虹。

「你好，驪龍，我是李小雨，我媽媽在故宮工作。」我主動上前打招呼。驪龍用他綠寶石一樣的眼睛看着我：「聽吻獸說，你在找我？」

「是的。」我被他盯得有點兒慌，「我想請你回到箭亭展覽的展品上去。」

「我不喜歡展覽。」驪龍滿臉厭惡,「那裏到處都是眼睛,那些眼睛連眨都不眨一下地盯着我和我的寶珠,無論是白天還是黑夜。」

「眼睛?甚麼眼睛?」我有點兒納悶兒。箭亭的展覽還沒有開始,除了白天會有一些工作人員佈展以外,其他人根本進不去。工作人員要負責擺放一百多件展品,怎麼有時間一直盯着驪龍看呢?

「屋頂上的眼睛,閃着紅光,你沒見過嗎?那座宮殿裏到處都是。」驪龍抬起頭朝四周望了望,指着一根電線杆說,「看!那裏也有隻眼睛!」

我抬頭一看,啊,那不是攝像頭嘛!箭亭的展館裏的確有很多 24 小時工作的攝像頭,原來,驪龍把它們當成了眼睛。

「它們叫攝像頭,不是眼睛。」我趕緊向驪龍解釋,「這些攝像頭是為了保護你的安全,並不是在監視你。」

「無論它們叫甚麼名字,都一樣讓我覺得討厭!」驪龍齜了齜牙。我看到他的下巴又鼓又圓,那裏面藏着的應該就是傳說中的寶珠吧?

「你第一次見到攝像頭嗎? 喵——」梨花問。

「不,我以前住的倉庫裏也有這樣的『眼睛』,只不過沒有這裏的數量多。」驪龍回答,「每隔一段時間,我就弄

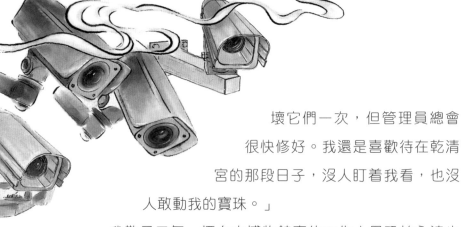

壞它們一次，但管理員總會很快修好。我還是喜歡待在乾清宮的那段日子，沒人盯着我看，也沒人敢動我的寶珠。」

我歎了口氣，煙台市博物館裏的工作人員恐怕永遠也弄不清楚，倉庫裏的攝像頭為甚麼總會壞掉。

「攝像頭讓你覺得不舒服，我很抱歉。」我輕聲哀求着，「但請你回到箭亭去吧，白玉壺上如果少了你就不再完整，它會變成一件殘次品。我敢保證，那些攝像頭不但不會威脅你的寶珠，而且還會保護它不被壞人偷走。『探驪得珠』那樣的事情，絕不會再發生。」

驪龍一動不動地聽着，過了好一會兒，才抽動了一下鼻子，說：「好吧，如果真像你說的那樣，我可以回到白玉壺上。這麼多年和那把壺待在一起，我都已經和它成為朋友了，總不能讓它變成殘次品。」

「謝謝！」我閉上眼睛，大大地鬆了一口氣。

我們陪着驪龍走到箭亭。在進入宮殿前，驪龍問吻獸：「這裏的一切都暴露在『眼睛』下面，祕密一點點消失，人類的世界已經沒有甚麼意思了。你們真的還要守在故宮裏，不打算離開這裏，去做點兒更有意思的事情嗎？」

吻獸輕聲回答：「其他的地方我不知道，但是故宮裏的祕密並沒有完全消失。你也知道的，『眼睛』所能看到的東西，並不是這個世界的全部。」

「哦？你是說，故宮裏還有祕密藏在『眼睛』們看不到的地方嗎？看來我要好好在這裏住上一段時間了。」驪龍微微一笑，帶着他的寶珠跨進了宮殿的大門。

故宮小百科

驪龍護珠白玉壺：又稱清乾隆雕蟠龍御題玉瓶，現收藏於山東煙台博物館。這件文物高三十餘厘米，材料選自和田玉，背部有赭黃色皮殼一道。玉瓶仿造古銅器的式樣，直口方脣，長頸，瓶腹扁圓，高圈足，形態古樸，工藝精美。瓶頸上根據「驪龍護珠」的典故，透雕一條伸出爪子保護寶珠的蟠龍。它的腹部陰刻乾隆帝御題楷書七言絕句一首：「撈取和闐盈尺姿，他山石錯玉人為。一珠徑寸驪龍護，守口如瓶意寓茲。」款書「乾隆御題」。陰刻圖章印文「德充符」。底刻「大清乾隆年製」楷書款，可見它應該是乾隆皇帝喜愛的一件物品。

清乾隆雕蟠龍御題玉瓶原藏於北京紫禁城乾清宮。北京故宮博物院《關於八國聯軍在乾清宮劫掠的文物清單第九五號檔案》中著錄為「白玉蟠龍壺」。二十世紀初，一個叫楊鑒堂的商人在海參崴從一名沙俄士兵手中買到它，將其帶回家鄉。這隻玉瓶躲過了戰火與動盪，在1972年7月由楊鑒堂的兒子楊景泰捐獻給煙台市博物館。

2
月光馬兒

天色晚了，遠方夕陽的餘暉仍然在流動着。

故宮裏的路燈還沒亮，御花園的寶相花街上卻已經亮起了一串串彩色的小燈泡，稍遠一點望去像五顏六色的水果糖。

如果在地圖上找，你是怎麼也找不到「寶相花街」這個地名的，因為寶相花街只是御花園裏一條很不起眼的石子路，上面有彩色鵝卵石拼成的漂亮的寶相花紋。但是等到晚霞褪去，黑夜籠罩整座宮殿的時候，這裏卻會變成故宮裏最熱鬧的地方。

不知道從甚麼時候開始，寶相花街上出現了一個集

市。集市上有十來個攤位，攤位的主人有動物也有神仙。大家都叫它「狐仙集市」。集市的盡頭，就是「有怪獸出沒」的怪獸食堂。楊永樂忙着玩電腦遊戲不願意出門，我一個人在狐仙集市上轉悠，看看有沒有甚麼新鮮玩意兒。

很快，我就發現了好玩的東西。

吸引我目光的是一張很特別的畫像。畫像上有一輪又大又圓的月亮，月亮裏，一位美麗的身穿白色衣裙的菩薩坐在盛開的蓮花上，手捧着一彎小月牙。她的身下是一座白玉宮殿，一隻小玉兔站在台階上正在搗藥。

「這是甚麼？」我在一個亮着白光的攤位前蹲下來。

「這是月光馬兒，你要買嗎？不買可不許摸。」回答我的是一位老婆婆。她的頭髮全白了，鼻子尖尖的，眼睛像鷹眼一樣閃着凌厲的光。從有狐仙集市開始，她就在這裏擺攤，賣很多稀奇古怪的東西。大家都猜她是狐仙變的，但是她從來沒有承認過。

「月光馬兒？好奇怪的名字。」

「有甚麼奇怪的？還不是你們人類自己取的名字。」老婆婆的鼻子裏發出「嗤」的一聲。

「它是幹甚麼用的？」

「清朝的時候，它是被用來祭祀月亮的貢品。月光馬兒會和西瓜、香爐、蠟燭、雞冠花、毛豆枝、九節白藕等

月光馬兒

一起，被放在供桌上，等到祭祀過後，月光馬兒就會被燒掉。」

我吃了一驚：「這麼好看的畫像為甚麼要被燒掉？」

老婆婆不耐煩地說：「月光馬兒就是要被燒掉的，你怎麼有這麼多問題？」

「再問一個，再問一個問題就好了。」我懇求着，「這上面畫的月亮裏的人怎麼一點兒都不像嫦娥呢？」

「她本來就不是嫦娥，她是月光菩薩。」

「月光菩薩是誰？」我忍不住接着問。

老婆婆沒理會我的問題，而是不客氣地說：「你到底買不買？」

我一下子泄了氣，摸了摸自己兜裏幾個可憐的零用錢：「買……是想買，但要多少錢呢？」老婆婆上下打量着我，她的眼睛彷彿有透視功能，一眼就能看出我的兜裏裝着多少錢。

「十八塊錢？不行，不行，這個價錢可不能賣給你。」她搖着頭。我把兜裏的錢全掏出來數了數，不多不少，正好是她說的「十八塊錢」。

「那你打算要多少錢？」我急切地問。

她的眼睛突然瞇了起來：「故宮裏的東西不光可以用錢買，也可以拿東西換，比如洞光寶石耳環……」

「洞光寶石耳環可不能給你。」我趕緊摀住胸口，耳環就藏在衣服裏。

「我就知道。」她瞇眼一笑，說，「那拿你書包裏的梳子換怎麼樣？」

「你說這個嗎？」我從書包裏摸出一把粉色的梳子，那是爸爸去國外參加會議時給我買的，是最新款的氣墊梳子。

「沒錯，就是它！一看就知道，用它梳理皮毛再合適不過了。到了春天，我的毛特別容易打結⋯⋯」

「毛？」我瞪大眼睛問。

老婆婆發現自己說漏嘴了，一下子板起臉說：「你換不換？一把梳子換一張月光馬兒，已經相當優惠了！」

我有點兒捨不得，用這把梳子梳頭可舒服了。

看到我猶豫，老婆婆壓低聲音說：「你可別小看月光馬兒，你沒聽說過『月能移世界』嗎？」

「甚麼意思？」我的耳朵豎了起來。

「和時間有關，我只能告訴你這麼多了。」她故作神祕地說。她的話發揮了作用，好奇心讓我乖乖地用梳子換了月光馬兒。

「月能移世界」，聽着就不一般，但到底是甚麼意思呢？

一回到媽媽的辦公室，我就開始用電腦搜索「月能移世界」的意思，很快我就找到了這句話的由來。它源於五

月光馬兒

百多年前，一位名叫張大復的明朝戲曲家。他在一個喝醉酒的夜晚，發現天上的月光能改變世界，讓眼前的河山、大地、松林遙遠得像遠古時代的景物一樣，人們在月下，也會忘了「我就是我」。於是，他寫下了《月能移世界》的文章。

月光能夠改變世界？我笑了，多麼古怪的想法！古人可真有趣。我拿着月光馬兒走出屋子。路燈壞了，院中一片黑暗。月亮從雲的縫隙中露出腦袋，真巧啊，今天居然是滿月。

我在台階上坐下，注視着月光下的紅色建築。西三所的這座小院已經快六百年了，可看起來仍然很漂亮。我等了一會兒，但月光馬兒甚麼反應都沒有，院子也沒甚麼變化。

於是，我走進屋裏拿了一包薯片和一大塊榛子巧克力，喝了一杯水，重新回到院子裏，一邊吃薯片一邊等。當薯片被吃掉一半的時候，我開始懷疑自己是不是被那個老婆婆騙了。這就是一張普通的月光菩薩畫像，也許連月光馬兒的名字都是假的。

就在考慮明天要不要去退貨的時候，我突然想起她的話「月光馬兒是用來燒的」。我有點兒猶豫，這幅畫像很精美，燒掉挺可惜，而且燒掉後就沒法找老婆婆退貨了。但如果不燒掉它，我就不能確定老婆婆的話是不是真的。

吃了塊榛子巧克力後，我從屋裏拿來了打火機。好吧，試試看！我深吸了一口氣，小心地點燃了月光馬兒。小小的火苗燃了起來，有股「時間」的味道。「時間」聞起來甚麼味兒？我笑了，被自己腦袋裏的怪念頭逗笑了。

月光馬兒幾乎一瞬間就被燒成了灰，一陣涼風吹過，紙灰被吹散了。幾乎同時，我聽到有聲音傳來。沒錯，就在院子中間那棵松樹的後面，有了一點兒動靜，又閃出一道微弱的光。

我發現樹後有一個人。她個頭兒和我差不多高，手提一盞小小的燈籠。燈光照亮了她身上青藍色的長袍和白淨的臉，她看起來像是從畫裏走出來的清朝小宮女。

她吃驚地看着我，彷彿看見了外星人。

我抬起手，想說「你好」，但嘴卻沒動，我突然意識到她可能不是人。我的心臟好像一下子縮緊了。

我們倆對視了好一會兒。最後還是我說話了：「你好！」我儘量讓自己的聲音不要顫抖。小宮女沒說話，只是微微彎了下膝蓋。我知道，這在清朝也是問好的意思。

「我叫李小雨。」

對方還是沒說話，沉默讓我覺得不安。我看到她在看我手裏的薯片，就把薯片遞過去：「想吃點嗎？這是薯片，我最喜歡的燒烤味兒的。」

月光馬兒

小宮女走過來，伸手去夠薯片，眼看就要碰到了，但──她的手就像霧一樣──居然穿過了薯片！

　　「老天爺！」小宮女大叫，燈籠掉到了地上。我倒不太吃驚，我已經猜到她是誰，但顯然，她自己並不知道。

　　小宮女嚇得渾身發抖，但過了一會兒，她冷靜了下來。

　　「你能撿起我的燈籠嗎？」她輕聲問我。我嘗試彎腰去撿，但是卻碰不到燈籠。燈籠對我來說是透明的，我的手能從它中間穿過，但卻抓不住。這時候我才發現，小宮女其實也是半透明的，我透過她的身體能看到後面的樹和圍牆。

　　我還沒說話，小宮女就先說：「你像是個影子，我能透過你看到後面的屋門。」

　　「我看你也是這樣！」我說。我摸了摸自己的身體，溫暖而柔軟。我放下心來，我是真實的。

　　同時，小宮女也在摸自己的臉和頭髮。「我有血有肉，身體也是熱的。」她說，「如果我活着，那你一定是鬼！」

　　我嚇了一跳，我怎麼可能是鬼？「不，不，不，你弄錯了，我活着，你死了！你才是鬼。」

　　我們互相指着對方，都嚇得要命。我們都發現自己完好無損，熱乎乎的，而對方卻那麼地不真實，就像是半透明的肥皂泡，閃爍着從遠方世界聚來的光芒。

　　「你打哪兒來？」小宮女發問了。

　　「我？就在這兒，我週末經常住在這裏。」

　　「週末是甚麼？」

　　「學校的休息日，你們那個時代可能還沒有。」我苦笑道。

　　「我們這個時代？你甚麼意思？」她瞪着我。

　　「你難道不是清朝的宮女嗎？」我問，「清朝已經滅亡很長時間了。」

　　「甚麼清朝？我們這裏是大清國。滅亡？你不怕皇帝砍了你的腦袋嗎？我們活得好好的，我現在正打算去慈寧

宮，太后在那裏設晚宴招待所有的太妃。你沒看見牆那邊的燈光嗎？那裏就是東宮太后住的慈寧宮。」

我抬頭看了看不遠處的宮殿：「我能看到慈寧宮，不過那裏至少有一百年沒人住了。」

小宮女大笑起來：「沒人住？慈安太后在那裏住了十來年了！」

「我昨天還去慈寧宮花園玩兒呢，慈寧宮現在是雕塑館，一個人都沒有。」

「雕塑是甚麼東西？現在那裏到處都是宮女和太監。」她瞇起眼睛說，「你聽！這裏都能聽到他們傳菜的聲音呢。」

「真的，我沒騙你，這座宮殿裏已經很長時間沒人住了。它現在是博物館。」我很認真地說。

「雖然我不明白甚麼是博物館，但是這裏要是沒人住，那皇帝和太后住到哪裏去？真是笑話。」小宮女反駁道，又笑了，「你聽，戲台上已經開始唱戲了。今天晚上都是我愛聽的戲，你聽不見嗎？」

「現在已經沒有皇帝了，戲台上全是土。」

「你是聾人嗎？」小宮女有點兒不安了。

「不，我的耳朵很好用。但是，這是真的，早在一百多年前，這裏就沒有皇帝了。」

「啊，夠了！」小宮女變得不安起來，「你看不到也聽

追蹤驪龍

不到我說的東西，我也看不到你說的東西。不是你瘋了，就是我瘋了。」

「不，不是我們瘋了，而是你來自過去。」我回答，我突然想明白了。

「你憑甚麼這麼說？今年是哪一年？」她閉上眼睛，又睜開。

「2019 年。」

「我不明白，我們這裏是光緒二年。」

我一拍大腿：「對了！光緒二年相當於我們的……1876 年！」

「我還是不明白。」小宮女滿臉疑惑。

「也就是說，你所在的時間是我所在時間的一百三十四年前。所以，你是過去，我是未來，我活着，而你已經死了。」

「不，我活着。我的心在跳，肚子也餓得咕咕叫。剛才，我幫太妃取手鐲，走回到院子裏的時候，我還覺得有點兒……」她搓了搓手。

「冷？」

「是的，有點兒冷。」她點點頭。

「我也感覺到了！」我大聲說，「剛才，涼風吹過來的時候，我突然有種陌生感，好像這裏不是我熟悉的那個院子。而我從四歲開始就經常住在這個院子裏了。」

「我也是！」小宮女說。

我們一下子親密了起來，因為某些不能解釋的原因，好像突然變成了老朋友。

「也許我們都活着。」我有了新想法，「只是因為我燒了那張月光馬兒，就遇見了一百多年前的你。按科幻小說裏的說法，就是我們的時空突然重合了。」

「月光馬兒？你們也燒月光馬兒？」她的眼睛突然亮了，「今天晚上祭月，我也幫太妃燒了月光馬兒。」

「原來這就是老婆婆說的『月能移世界』啊。」我有點兒明白了。

「不過，皇帝真的會消失嗎？」她擔心地看着我。

「在我的世界，他消失了。但對你來說，他不就在慈寧宮裏吃飯嗎？」我微笑地看着她。

「是啊。」她也笑了，「如果我們都活着，誰是過去，誰是將來有甚麼關係呢？我要去晚宴上看戲了，否則第一齣戲就要演完了。」

「告別之前，我能摸摸你的手嗎？」

小宮女乖乖地從袖子裏伸出一隻白白嫩嫩的手。我也把手伸過去，我們的手並沒有碰到，但是卻融合在一起。

「我們會再見嗎？」她問。

「不知道，也許下一次我還能買到一張月光馬兒。」我

月光馬兒

回答。

「我真想帶你去慈寧宮看戲。」

「我也想讓你看看一百多年後的世界。」

她歎了口氣:「回見!」

「再見。」我說。

小宮女走出院門,朝着慈寧宮的方向走去。我則轉過身,走進媽媽的辦公室。

「這真的不是夢嗎?」我一屁股坐到牀上。而小宮女此刻也一定在納悶兒,她今晚到底遇到了甚麼。

故宮的院子裏空蕩蕩的,沒有一絲聲響。月亮被雲彩遮住了,一切都籠罩在黑暗中。故宮的晚上一向安靜,但今晚比以往更寧靜。

故宮小百科

中秋節的奇妙供品:清朝至民國時期,到了中秋節,北京人家就會在院子裏擺出香案,供上月餅瓜果等供品拜祭月亮,然後大家坐在一起吃月餅,賞月團圓。在祭月的供品中,有兩件特別的老北京產物——「月光馬兒」和「兔兒爺」。《帝京景物略》載:「八月十五日祭月……如蓮華紙肆市月光紙,繢滿月像,趺坐蓮華者,月光遍照菩薩也。華下月輪掛殿,有兔持杵而人立,搗藥臼中。約小者三寸,大者丈,致工者金碧繽粉。」富察敦崇的《燕京歲時記》記載:「月光馬者,以紙為之,上繪太陰星君,如菩薩像,下繪月宮及搗藥之兔。人立而執杵,藻彩精緻,金碧輝煌,市肆間多賣之者。長者七、八尺,短者二、三尺,頂有二旗,作紅綠、笆或黃色,向月而供之。焚香行禮,祭畢與千張、元寶等一併焚之。」也就是說,月光馬兒是一種畫着月宮玉兔以及神仙形象,在祭祀月亮結束後燒掉的彩紙。至於兔兒爺,是一種祭月使用的泥像,起初它還是蟾蜍與兔子的樣貌,之後慢慢演變為兔頭人身,騎着猛獸,穿着盔甲,威風凜凜的樣子。等到大人拜祭完月亮,可愛的兔兒爺就變成了小朋友的玩具。

3
他可不是寵物

　　自從趙亦陽把她養的小狗的照片帶到學校後，同學們都開始養寵物了。先是王彎彎宣佈自己養了隻英國短毛貓，緊接着宋金澤就把他的荷蘭鼠帶到了班裏，被班主任老師狠狠地批評了一頓。

　　我也想養隻寵物，小貓、小狗、小兔子……就算能養隻小鳥也好啊。可是，我媽媽不同意：「故宮裏那麼多野貓，還養寵物幹嗎？牠們都是你的寵物啊。」

　　故宮裏的那些野貓比我還獨立，怎麼可能是我的寵物呢？牠們不屬於我，不屬於任何人，如果有一天牠們在故宮裏待膩了，可以跳出紅牆扭頭就走。而養寵物就意味

着，我要全心全意地去照顧牠，餵牠吃飯，給牠洗澡，陪牠玩耍，看着牠慢慢長大，成為牠最信任的主人。如果我對故宮裏的一隻野貓說「我是你的主人」，我敢保證下一刻自己的臉就會被牠撓開花。

現實總是與夢想擦肩而過。無論我怎麼哀求，媽媽都不同意我養寵物。這讓我很傷心，連吻獸都看出來了。

「小雨，你遇到甚麼糟糕的事情了嗎？」吻獸擔心地問。

那是一個略帶暖意的春夜，開滿海棠花的樹枝在風中抖動着。

「我想養寵物，但媽媽不讓。」我歎了口氣。

「甚麼叫寵物？」吻獸問。此刻，他正趴在金水河邊，半條魚尾浸在水裏。

「就是小動物——那種我能照顧牠長大，牠會把我當作主人的小動物。」

「這還不簡單。」吻獸甩了下尾巴，激起了不小的水花，然後一頭鑽進了金水河裏。

「喂！你去幹嗎？」我話音還沒落，吻獸就連影子都看不見了。

我呆呆地坐在河岸邊，他多久才會回來？要不要等他？就在我猶豫的時候，吻獸又出現在我面前。

「看我給你帶來了甚麼？」他高興地鑽出水面，爪子裏托着一個圓乎乎的小東西，在月光下閃閃發光。那是一條長得有點像牛臉的魚，身上覆蓋的不是鱗片，而是青黃色的短毛。

我瞪大了眼睛問：「這是甚麼？」

「這是牛魚。牠能長到小牛那麼大，叫聲也像牛。」吻獸興沖沖地說，「牠的毛特別有趣，在海水漲潮的時候會立起來，退潮的時候會貼在身上。好玩吧？送你當寵物好了。」

「牠是……怪獸嗎？」說實話，牛魚的樣子不太可愛。

「一種不太聰明的小海怪。」

我一個勁兒地擺手：「吻獸，我不能養一隻海怪當寵物。我家裏沒有那麼大的魚缸，我也不知道拿甚麼來餵牠。如果牠長成小牛那麼大，我媽一定會被嚇壞的。」

「其實牛魚挺好養的……」吻獸有點兒失望，「不過你要是不喜歡，我就把牠送回深海好了。」

看着吻獸重新消失在金水河中，我才鬆了口氣。

但事情並沒有就此結束，更誇張的事情發生在第二天晚上。那是個陰天，我一個人在媽媽的辦公桌旁寫作業，行什忽然扇着翅膀降落在玻璃窗前。

「你怎麼來了？」我連忙跑到院子裏。

「聽說你想養一隻寵物，我給你送來了。」行什的臉上掛着壞笑。

我警惕地後退了一步，問：「是甚麼？」

行什從他翅膀的羽毛裏捧出一隻小雛鳥。牠渾身長着金色的羽毛，瞪着大大的眼睛，看起來很可愛。但有些特別的是，牠長了兩個頭、兩條脖子。

「哇，真好看。」我接過小鳥，把牠捧在掌心，「牠是誰？」

「雙頭鳥。」行什說，「牠很好養，吃點蜂蜜、水果就可以。長大以後會更有趣，其中一個頭會給另一個頭下毒……」

「等等！」我沒聽清，「你說甚麼下毒？」

「哈哈，沒錯，雙頭鳥幾乎都是這樣死的。因為互相懷疑，一個頭給另一個頭的食物裏下毒，結果整隻鳥都會被毒死。好玩吧？」行什看起來挺開心。

「一點兒都不好玩！」我用最快的速度把雙頭鳥塞回他的爪子裏，氣哼哼地回到媽媽的辦公室。

我只是想養一隻普通的寵物好嗎？難道就沒有甚麼正常的動物能當我的寵物嗎？

這之後的幾天，我又拒絕了幾次怪獸們給我送來的奇怪物種。直到有一天，楊永樂捧着一隻還沒長毛的小鳥出

現在我面前。

「我剛剛在慈寧宮院子裏撿的。」他小心翼翼地把小鳥捧到我面前,「他應該是不小心跌出鳥窩了。但那個鳥窩實在太高了,估計只能先把他稍微養大一點,再讓他自己飛回去。」

我立刻湊了過去:「這是甚麼鳥?」

「現在還看不出來,他太小了,連羽毛都沒有。不過,估計不是喜鵲就是麻雀,鴿子的幼鳥我見過,不長這個樣子。故宮裏這幾種鳥最多。」

「哇,他好可愛。」

我緊緊盯着這隻小雛鳥,他肉乎乎的,軟軟的、小小的嘴巴微張着,眼睛又黑又亮。

我和楊永樂找了個紙箱子來做小鳥的窩。為了讓他待得更舒服,我們還在裏面墊了厚厚的乾草和棉絮。小鳥看起來還不能吃蟲子,我們問了看大門的王大爺,他可是養鳥專家。他告訴我們可以用火柴棍蘸着煮熟的雞蛋給小鳥吃。

在我們的精心照料下,小鳥長得很快。不到一個星期,他就長出了灰色的絨毛,變得更可愛了。我們為他起了個名字叫「絨球」,他很快就記住了。每當我們叫這個名字,他就會轉過小腦袋來看看我們手裏是不是拿了好吃

的。接着，他的羽毛顏色越來越深，於是我們確認他肯定不是麻雀，沒準兒是喜鵲、烏鴉之類。又過了一週，絨球的羽毛豐滿起來，我們已經看出來他不是喜鵲也不是烏鴉，他黑色的羽毛上有白色的斑點，腦袋上頂着鮮亮的紅色羽毛，嘴巴又尖又硬。我上網查了一下，發現他居然是啄木鳥。

故宮裏有啄木鳥，但並不常見。牠們不太合羣，也不愛說話，偶爾能聽到牠們「篤篤篤」啄樹幹的聲音。當然，牠們也不只啄樹幹，故宮裏很多的牌匾上，都有被啄木鳥啄出的小洞。

我們居然養了一隻啄木鳥，還有比這更酷的事嗎？我和楊永樂都很興奮。雖然，我們做好了等他長大後放他回家的準備，但心底裏都已經把絨球當作了自己的寵物。他陪伴我們度過了一段幸福的時光，他那麼漂亮，黑色的小眼睛簡直迷死人了。

羽毛長好以後，絨球沒費甚麼力氣就學會了飛。我放他在院子裏隨意飛來飛去，他也一點沒有要飛走的意思。每天我放學回到媽媽的辦公室，只要在院子裏呼喚一聲絨球的名字，小啄木鳥就會從樹叢裏冒出來，飛到我頭上，等待餵食。如果我沒及時把肉蟲子拿出來，他就會啄我的腦袋。他啄人真的、真的很疼！

　　絨球長得很快，飛翔的時間變長了。他經常會飛出院子，去故宮其他地方玩兒，但只要到了餵食的時間就會準時回來。

　　他和人很親近，經常會飛到熟悉的人的肩膀上。他在故宮裏越來越出名，所有的工作人員都知道，他是我和楊永樂養的啄木鳥——一隻不怕人的啄木鳥。

　　但麻煩也很快就來了。

　　一個陽光和暖的下午，我媽媽接到了一個電話。

　　「你養的那隻啄木鳥正在啄武英殿的柱子，據說已經啄出七八個小洞了！」媽媽生氣地告訴我，「既然是你養的寵物，你是不是應該做點兒甚麼？」

　　我蒙了，不知道絨球為甚麼要這麼做。他十幾分鐘前剛剛飽餐了一頓麵包蟲，完全沒必要再去覓食。何況，那還不是樹，武英殿的柱子，再怎麼啄也找不到蟲子吧？

　　我氣哼哼地跑到武英殿。但我來晚了，那隻淘氣的啄木鳥此刻已經不知道飛到哪裏去了。我只能一路叫着他的名字，但直到回到媽媽辦公室，他也沒再出現。

　　這回，辦公室裏不止是媽媽一個人了。行政科的李阿姨正坐在媽媽的對面，兩個人的臉色都不太好看。

　　「這幾天，露天停車場的自行車和電動車接二連三地爆胎。我們開始還以為是誰的惡作劇，就調出了監控錄像。」

李阿姨皺着眉頭說，「結果發現是一隻啄木鳥幹的，看模樣，應該就是小雨養的那隻。」

「不⋯⋯不會吧⋯⋯」我心一沉，「不一定就是絨球吧？畢竟啄木鳥都長得差不多⋯⋯」

媽媽一下打斷我的話：「別的哪隻啄木鳥會有這麼大的膽子？故宮裏只有你那隻啄木鳥不怕人吧？還不趕緊道歉！」

我乖乖地向李阿姨道了歉。

教訓完我，媽媽還表示，要賠修補輪胎的錢，並留下一句話：「你這幾個月估計是不會有零花錢了。」

我沮喪地去找楊永樂想辦法，結果發現，失物招領處裏，楊永樂也在挨罵。

「現在就去找董阿姨賠禮道歉！」楊永樂舅舅的吼聲，我在院子裏都能聽見。

不一會兒，楊永樂就耷拉着腦袋從屋子裏走了出來。我從柱子後面跳出來，他連看都沒看我一眼。

「出甚麼事了？」我問

「還不是因為絨球。」他有氣無力地說，「他居然把圖書館董阿姨的吊帶裙帶子啄斷了，讓董阿姨出了好大的醜。」

「天啊！」我捂住嘴，這可比啄輪胎放氣還要糟糕。我

有點兒慶幸，董阿姨沒找到我媽，否則估計我今天連晚飯都吃不上。

「不能再這樣下去了！我們要想點辦法！」我大聲說。

「能有甚麼辦法？」楊永樂無奈地說，「你對一隻啄木鳥說『不要幹這，不要幹那』，他能聽嗎？不停地啄東西，這是啄木鳥的本性啊。」

我突然意識到：「也許絨球沒有做錯甚麼，錯的是我們。我們不該自私地把絨球留在身邊，啄木鳥是野生鳥類，應該回歸野外。」

楊永樂想了一下，說：「我們先去慈寧宮吧，看能不能找到絨球的媽媽。讓她教教絨球如何成為一隻真正的啄木鳥，而不是陪伴人類的小傢伙。絨球應該做回自己了。」

「好主意！」

於是，我們立刻朝着慈寧宮花園跑去。花園裏的丁香花正在盛開，散發着甜甜的香味。

楊永樂帶着我走到一棵高大的松樹下面，指着松樹高處的一個樹洞說：「絨球應該就是從那裏掉下來的。」

那棵松樹約三四層樓高，樹洞的位置都快接近樹的頂部了。

「喂！喂！」楊永樂朝着樹洞大喊。

樹洞那裏靜悄悄的，倒是有一隻看熱鬧的烏鴉飛了

過來。

「你知道住在這裏的啄木鳥去哪兒了嗎？」我問烏鴉。

「你是說那個天天『篤篤篤』啄個不停的傢伙嗎？」烏鴉說，「她搬家了，她的幼鳥們都長大了，這裏住不下，就搬到御花園那個大號的樹洞裏去了。」

「能帶我們去找她嗎？」楊永樂問。

「可以是可以，但是我這時候肚子太餓，飛不動了。」烏鴉斜眼看着我們。

我從書包裏掏出一根火腿腸，撕開包裝紙扔給他。烏鴉兩大口就把火腿腸吞進了肚子。他滿意地扇扇翅膀說：「跟我走吧！」

烏鴉帶着我們來到一棵更加粗大的柏樹前，柏樹的樹腰上有一個很大的洞。他落到樹洞口，叫了兩聲，一隻成年啄木鳥就飛了出來。我幾乎一眼就認定，她是絨球的媽媽。他們長得實在太像了，連翅膀上的白色斑紋都一樣。

「你們找我？」啄木鳥站在一根高高的樹枝上，離我們遠遠的。

「你是不是丟過一隻幼鳥？」楊永樂問。

啄木鳥有點吃驚：「你怎麼會知道？」

「我在慈寧宮花園裏撿到過一隻從鳥窩裏掉下來的小啄木鳥。」楊永樂回答，「我們還把他養大了。」

　　「他還活着？謝天謝地！」啄木鳥媽媽滿臉感激，「我還以為我的孩子已經被野貓吃了。」

　　「不，不，他很好，很健康。他已經會飛了，還會啄人……這也不怪他，誰讓他是在人類身邊長大的呢？不過現在，有了點兒麻煩……」

　　「甚麼麻煩？」啄木鳥媽媽緊張起來。

　　「他似乎不覺得自己是隻啄木鳥，他和人類走得太近了，所以闖了些禍。」我實話實說。

　　啄木鳥媽媽歪過頭問：「不是啄木鳥？那他覺得自己是甚麼呢？」

　　「我們也不知道。」楊永樂說，「他恐怕沒見過同類。所以，我們想把他送回到你身邊，讓他懂得怎樣做一隻真正的啄木鳥。」

　　「就這樣？」

53

「是的，你願意重新接受他嗎？」我小心翼翼地問。

「這還用說？他是我的孩子！」啄木鳥媽媽挺起白色的胸脯說，「我的孩子當然要由我來教。」

「太好了！」我和楊永樂都鬆了口氣。

當天傍晚，我們就把絨球帶到了他媽媽這裏。絨球見到和他一模一樣的鳥類感覺很好奇，但很快，他就喜歡待在媽媽身邊蹦躂了。

這之後很長時間，我都過着提心吊膽的日子。看到媽媽接電話，我就會緊張，怕是絨球又闖了甚麼禍。去御花園看到樹洞空着，我也會緊張，怕野貓們傷害了絨球和他家人。但好在這些事情都沒發生。直到現在，絨球還會經常飛到我的腦袋上，找我要蟲子吃。除了這點兒與眾不同的小習慣，他已經和其他啄木鳥沒甚麼區別了。

故宮小百科

故宮常見的鳥：在故事中，我們知道故宮裏啄木鳥並不是常見的鳥類。那麼故宮中常見的鳥類是甚麼呢？答案是——烏鴉。在現代人看來，全身漆黑而且聒噪的烏鴉的象徵意味並不好。但傳說中烏鴉曾經救過滿族人的先祖，他們信奉的薩滿教祭天儀式舉行時，會在庭院裏立一根一丈高的「索倫杆」，頂端擺上裏面有碎米和切碎的豬內臟等東西的錫斗，給神鳥烏鴉食用。《東三省古蹟逸聞》記載：「……於盛京宮殿之西偏隙地上撒糧以飼鴉，是時烏鴉羣集，翔者，棲者，啄食者，梳羽者，振翼肅肅，飛鳴啞啞，數千百萬，宮殿之屋頂樓頭，幾為之滿。」滿族人入主中原以後，尊重烏鴉的習俗也保留了下來。《清稗類鈔》提到皇宮烏鴉：「每晨出城求食，薄暮而返，接陣如雲，不下千萬，都人呼為寒鴉。」

4
風之獸

　　玉翠亭旁的桃花悄悄盛開的時候，寶相花街上的狐仙集市多了一個奇怪的攤位。這個攤位上只有一件商品，卻幾乎佔據了攤位上所有的空間。一塊樸素的黃銅名牌上刻着它的名字：《春風起，萬物生》。

　　那應該是一顆種子，被罩在一個大玻璃罩裏，第一眼看上去沒有甚麼特別的。但一旦你盯着它看，奇跡就會發生。你會親眼看到一陣風把泥土覆蓋到種子上，種子在泥土中慢慢發芽，長出第一片綠葉，抽出第一根枝條。嫩綠的枝條在微風下搖晃，上面開出嬌嫩的花朵，隔着玻璃罩你都能聞到花香。但很快，風吹落了花瓣，只剩下綠色的

枝條。等你稍不注意時，它已經又變回了一顆種子。

「你覺得怎麼樣？」一個聲音在我耳邊響起。

我抬起頭，才注意到這個攤位是有主人的。也難怪我注意不到他，他把自己藏在一個巨大的黑斗篷中，融進了黑夜裏。

「很棒，太有創意了。」我真心實意地回答，「簡直，簡直像是藝術品……」

「它本來就是件藝術品，我是個藝術家。」看起來，他對我的評價很滿意，「還有嗎，李小雨？」

聽到他叫我的名字，我有點兒吃驚，不過很快就恢復了平靜，我的名字在故宮裏一直都不是祕密。「你是怎麼做到的？是用魔法嗎？」我問。

「用魔法還算是甚麼藝術？我只是在這個玻璃罩裏放進了一股春風。」他往前走了一步，寶相花街上五彩燈泡發出的光照在他臉上。那是一張鹿的臉，但卻不是我認識的故宮裏的任何一隻神鹿；雖然是鹿頭，但長袍下露出的卻是鳥爪；我還能看到斗篷下面黑色的羽毛。

他是一個怪獸——鹿頭、鳥身的怪獸！我的腦袋中靈光一閃，想起了眼前的怪獸是誰。

「你是……對，你是飛廉！風之神獸——飛廉！」

故宮裏擁有飛廉造型的物品不多，但我卻曾經看到過

他的形象，那是在一支半米長的鐵錯銀如意上。如意最初不過是人們用來撓癢癢的工具，到了清朝，卻成為皇帝最喜愛的飾品。那支烏黑的鐵如意曾經是光緒皇帝喜愛的寶貝，上面用銀絲鑲嵌着一個長着翅膀的神獸形象，就是我眼前的飛廉。和如意上的飛廉相比，眼前這個實實在在的怪獸渾身散發着優雅的氣息，眼中閃爍着智慧的光芒。

「是的，我是飛廉。」他露出了笑容，「不過，在這裏我是個藝術家，不是甚麼風之神獸。很高興你喜歡我的作品，這是我的第一件作品。你走過來一點兒，從這兒看更迷人。」

那顆種子已經重新開始發芽。剛長出來的嫩葉，綠得像上等的翡翠。

「我最喜歡春天，春風有人們想像不到的強大力量。」飛廉說，「它可以讓一切植物和冬眠的動物甦醒，給它們生長的力量。」

「這顆種子是真的？」我仍然不敢相信眼前的景象不是魔法變出來的。

「當然了，這可不是幻術，或是甚麼騙人的玩意兒。」

「這個……我是說這件藝術品，你賣多少錢？」我問。

「你喜歡它？你想買？」飛廉的鹿臉上露出驚喜的表情，「我並不打算賣它，擺出來只是給大家欣賞一下。這畢竟是我的第一件作品，我想自己收藏。不過你要是喜歡的

話，也許我可以做點兒甚麼其他的藝術品送給你。」

一羣鴿子落在了飛廉的攤位上。飛在最前面的鴿子眼角有一條花紋，像耀眼的金線一樣。他叫黃金眼，是故宮裏最厲害的博寶鑒定專家養的鴿子。長期陪伴在大專家身邊的他見過的藝術品不計其數，這讓故宮裏的動物們都相信，他的眼光與眾不同。

「鴿子們，你們好。」飛廉心情不錯地和他們打招呼。

黃金眼卻沒有回應，他用眼角瞟了一眼飛廉的作品。他的跟班們小心地站在他身後。「這是甚麼？盆景嗎？」黃金眼歪着頭打量正在開花的枝條，「看起來挺有趣的。」說是這麼說，但是從他的語氣裏我沒聽到一點兒有趣的意思。

「他是誰？」飛廉小聲問我。

「黃金眼，故宮動物中的鑒賞家。」我輕聲說。

「甚麼叫鑒賞家？」飛廉認真地問。

「怎麼說呢？比如，御花園裏的桃花開了，如果哪天黃金眼說，今年玉翠亭旁邊的桃花開得最美，那麼第二天，故宮裏所有的動物都會去玉翠亭旁邊賞花，而不去其他地方看桃花了。但如果他說，故宮裏的哪塊太湖石真難看，那麼所有動物都會覺得那塊石頭難看。」

我正說着，黃金眼已經飛到了飛廉面前。他不但一眼就認出了飛廉，還輕鬆說對了他的名字：「哎呀，真是少見，

飛廉，可以控制風和氣息的神獸。我曾經見過雕刻有你形象的藝術品。我尤其喜歡那枚西漢時期的蜚廉銅印（故宮收藏的這枚銅印印面凹鑄的蜚廉圖案即是神獸「飛廉」），有一種古樸的美。聽說，你曾經為遊天者開道，希望有一天你也能做我遊覽天宮的導遊。」在黃金眼說出「導遊」這個詞的時候，他身後的跟班們忍不住小聲地笑了起來。

我看出飛廉有點兒不高興，但他還是禮貌地回答：「是的，我是飛廉，是創作這件藝術品的藝術家。」

「藝術？不，不，飛廉，它就是一盆會動的盆景而已。一顆可以長出樹苗、開花的種子，這種東西到處都是。」黃金眼驕傲地昂起頭說，「作為怪獸，你可能不太懂甚麼是藝術。我是見過中國頂級藝術品的鴿子，我很清楚甚麼是藝術。藝術不是簡單地複製大自然。就算你用了魔法，但這東西也只是複製品，不是藝術品。」

「我沒有用魔法。」飛廉的臉色變得蒼白。

「也許對你來說變出一股風算不上魔法，但其實它就是。」黃金眼低下頭又看了看眼前已經變回種子的《春風起，萬物生》。

「這個名字還不錯。」他接着說，「但除了名字，我實在看不出來它是一件藝術品。」說完，黃金眼神氣十足地拍着翅膀飛走了。他的小跟班們也跟在他身後「呼啦、呼

啦」地飛走了。

　　攤位前只剩下了我和飛廉，還有那顆種子，它正重新抽出枝條。「也許那隻肥鴿子說得對，我不適合做藝術家。雖然我從內心裏喜歡做些藝術品，但說到底我不過是個沒文化的怪獸。」飛廉看起來很沮喪。

　　「不是這樣的。我就非常喜歡你的《春風起，萬物生》。我從來沒見過這樣的藝術品，太有創意了。」我真心實意地說。

　　「可惜你不是藝術家，也許在真正的藝術家眼裏，那不過是我變的一個小把戲而已。」

　　「我可不這麼認為，藝術品又不是只給懂藝術的人看的。讓不懂藝術的人也能從中獲得感動，才是真正的藝術品。」我說，「我在你的作品中看到了生長帶來的感動，我很喜歡它。」

　　「真的？」飛廉的眼中又燃起了希望的火焰，「你說得對，我不應該因為一隻傲慢的鴿子就放棄自己的理想。我一定會做點兒甚麼東西送給你，在這個春天。」

　　我怎麼也想不到，第二天，飛廉的事情居然出現在了《故宮怪獸談》上。

　　怪獸飛廉在狐仙集市上展出了自己的作品《春風

起，萬物生》。故宮動物中的藝術鑒賞家黃金眼認為，雖然飛廉自稱那是藝術品，但其實他根本不懂藝術。他的作品沒有藝術品精神層面的東西……

放學後，我拿着報紙氣哼哼地去找梨花。我敢肯定，那隻野貓根本沒親眼看到飛廉的作品！

一路上，故宮裏的動物們都在聊飛廉和他的藝術品。

「聽說是一顆種子。」一隻烏鴉說。

「不，不，是一棵樹苗。我昨晚在狐仙集市上親眼看到的。」另一隻烏鴉大聲說，「那種樹苗，御花園裏到處都是。」

「把樹苗當作藝術品？哈哈哈……」

「飛廉還為它罩上了玻璃罩。哈哈哈哈……」

烏鴉們捂着肚子大笑，好像他們自己是懂行的藝術家似的。

珍寶館的院子裏，梨花正在曬太陽。

「你怎麼能這麼做？」我把報紙扔在這隻八卦貓面前，「你根本就沒看到飛廉的《春風起，萬物生》對不對？」

梨花很久沒有見過我生氣了，顯得有些慌張：「喵──我承認，我昨天晚上去食堂偷吃小魚乾錯過了狐仙集市，不過誰會提前知道飛廉要在集市上辦展覽呢？你不知道我

風之獸

有多後悔，我從來都是報道一手新聞的，這次卻只能聽一隻大嘴巴的喜鵲告訴我⋯⋯」

「等等，喜鵲？黃金眼不是鴿子嗎？」我聽糊塗了。

「我昨天半夜先聽慈寧宮花園的喜鵲提起了這件事，才找到黃金眼去採訪的。我承認我沒找到飛廉，不過昨天在集市上看到他作品的動物不少，聽大家說說就應該差不多⋯⋯喵——」

「差遠了！你沒親眼看到那件藝術品有多神奇！」

「喵——小雨，聽我說，我採訪了那麼多動物，他們都覺得它可笑，只有你覺得它神奇。」梨花有點兒不服氣。

「那是因為動物們都聽到了黃金眼的話，哪怕有動物覺得好，也不敢說！」

「我看不一定，喵——怪獸當藝術家，這聽起來就⋯⋯」

「那一隻貓當八卦記者，辦報紙，是不是聽起來更奇怪呢？」

梨花被我說得一愣，過了很久才說：「喵——你說得對，我犯了個錯。如果他再展出作品，我一定會寫一篇公正的報道。」

但這之後，飛廉彷彿從故宮裏消失了。有傳言說他因為遭到嘲笑而躲了起來，再也不提成為藝術家的事情了。我並不相信，我記得他眼裏的亮光，他那麼熱愛藝術，一

定不會輕易放棄。

　　不久後，我的想法就得到了證實。在一個颳着温暖春風的傍晚，一張神祕的卡片被悄悄塞進了媽媽的辦公室裏。那張卡片上寫着邀請我傍晚去狐仙集市的第三個攤位，欣賞飛廉的新作品。太陽一落山，我就早早地趕到寶相花街。狐仙集市的彩燈剛剛亮起，飛廉就在他的攤位旁等我了。

　　他的面前是一輛紫色的自行車，無論是把手、座椅、腳蹬子還是車鈴，都是少見的淡紫色。「它漂亮吧？」飛廉走到我面前，這次他沒穿斗篷，露出了亮黑色的羽毛。

　　「很漂亮，但它就是一輛自行車，對嗎？」說實話，我有些失望，我原以為會看見更神奇的作品。

　　「它叫《紫丁香》，是我專門為你做的。」飛廉一點兒沒察覺到我的失望。

　　「為我做的？」我有點兒吃驚。

　　「是啊，要不要騎上去試一試？」他熱情地發出邀請。

　　我小心翼翼地騎上自行車。自行車很輕，輕得有點兒不可思議。只要腳輕輕一蹬，它就「嗖」地飛了出去，一點兒也不費力氣。幾乎同時，甜甜的花香撲面而來。那是一股無法形容的香味——讓人胸膛暖暖的、癢癢的香味。

　　我騎在自行車上，神采飛揚，頭髮在風中飄蕩，「嗖」

地穿過狐仙集市。寶相花街上的攤主和顧客們都露出了不可思議的表情。動物也好，怪獸也好，神仙也好，全都停下來，呆呆地看着我從他們身邊騎過去。

「起風了，是紫色的風呢！」

「這是丁香花的香味吧？可真濃啊。」

「像丁香花一樣的風可真少見。」

「可不是，吹着這樣的風，簡直讓人想大哭一場。」

「是春天的氣息啊……」

「讓我想起了年輕的時候……哎呀，眼淚怎麼流下來了……」

他們的對話傳到了我的耳朵裏，原來我和自行車快得變成了一陣紫色的「丁香風」，大家根本看不見我。這可不行！我要讓大家都能看到我和自行車。我不再蹬了，任由自行車往前滑行，並且「叮鈴鈴」地按響了車鈴。

「那是誰呢？」

「哎呀……是誰呢？」

「好像是小雨啊，她怎麼變成風了？」

「是飛廉那輛紫色的自行車。」

「真是了不起的魔法啊。把丁香花和春風融在一起的魔法。這就是藝術吧？」

「原來，藝術是讓人想落淚的東西啊……」

風之獸

我看到了梨花，連她都在悄悄擦眼淚。我還從來沒見過她哭呢，充滿丁香花香味的春風讓她想起了甚麼呢？

　　我笑了，由衷地為飛廉高興。以後，故宮裏再不會有誰嘲笑他的夢想了。無論是誰的，夢想，都不應該被嘲笑！

　　哎呀！糟糕，危險！

　　我發現自己正朝着一棵古樹衝過去。

　　啊！要撞上去了！

　　我嚇得閉上了眼睛，握着車把的手發起抖來。

　　「咚」的一聲，自行車一下子撞到了大樹上。我被甩了下來，倒在嫩綠的草坪上。夜晚的天空變得眩目起來⋯⋯

　　當我醒過來的時候，空氣中還殘留着縷縷花香。在我身邊，淡紫色的小花鋪滿了地面，自行車已經變成了紫丁香的花瓣。

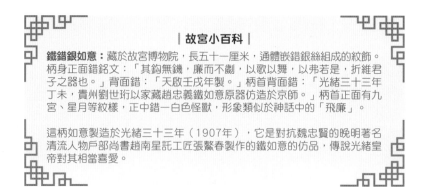

‖ 故宮小百科 ‖

鐵錯銀如意：藏於故宮博物院，長五十一厘米，通體嵌錯銀絲組成的紋飾。柄身正面錯銘文：「其鈎無鐵，廉而不劌，以歌以舞，以弗若是，折維君子之器也。」背面錯：「天啟壬戌年製。」柄首背面錯：「光緒三十三年丁未，貴州劉世珩以家藏趙忠義鐵如意原器仿造於京師。」柄首正面有九宮、星月等紋樣，正中錯一白色怪獸，形象類似於神話中的「飛廉」。

這柄如意製造於光緒三十三年（1907年），它是對抗魏忠賢的晚明著名清流人物戶部尚書趙南星託工匠張鑾春製作的鐵如意的仿品，傳說光緒皇帝對其相當喜愛。

5
守宮門的蜥蜴

　　看守慈寧宮大門的蜥蜴一直是故宮怪獸裏的一個笑話。

　　當一個怪獸表現出膽小的樣子或者做了甚麼蠢事的時候，其他怪獸就會說：「你簡直像慈寧宮的蜥蜴。」

　　我曾經問過吻獸，為甚麼大家都看不起慈寧宮的蜥蜴。

　　吻獸想了想，才回答：「因為他一點兒都不像是威風的神獸，無論是長相、膽量還是本領。你別看他趴在慈寧宮門口的丹陛石上好幾百年了，但他和一隻普通的蜥蜴沒甚麼區別：膽小，個頭兒也小，除了吐舌頭甚麼都不會。我真不知道，人類怎麼會讓他作為神獸守護慈寧宮，他那麼怕陌生人，有點大動靜就會躲起來。如果慈寧宮發生了甚

麼災難，他一定比誰都跑得快。」

「我聽說他會吐祥雲，身體還會變色。」

「吐祥雲不算是甚麼本事，故宮裏是怪獸都會吐一點兒。」說着，吻獸從他的鼻孔裏噴出兩小朵祥雲，「只有像斗牛那樣能製造大量雲彩才算是本事。至於變色嘛，很多普通蜥蜴都會，更不能算是神獸的本事了。」

好吧，也許吻獸說得有道理，但是也沒準兒不完全對。反正我可不會因為誰個頭兒小或者膽小就小看他。

「你上次見到慈寧宮的蜥蜴是甚麼時候？」我問。

「唔⋯⋯你問這個幹嗎？」吻獸有點含糊。

「我很好奇，因為我從來沒見過那隻蜥蜴。」

「沒見過才是正常的，我剛才不是說了嗎？他不喜歡見人，恨不得自己是隱身的。」吻獸吸了口氣說，「其實，我也只碰到過他一次，那還是三百多年前的事，但他一看見我就鑽進草叢裏躲起來了。」

「也許他不是因為膽小，而是因為害羞。」我說。我就是一個害羞的孩子，見到陌生人都不知道手該放在哪兒，但那並不意味着我害怕那些人。

「我可不這麼看。」吻獸「哼」了一聲。

「我決定了。我要去親眼見見那隻蜥蜴。」我站起來，轉身朝慈寧宮的方向走去。

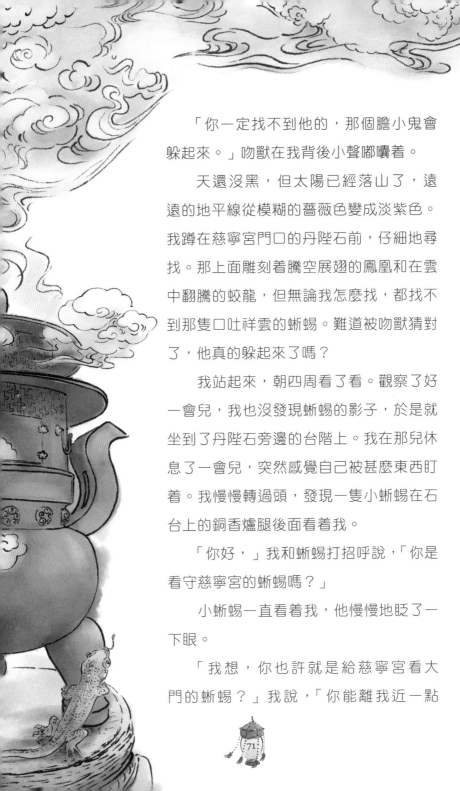

「你一定找不到他的，那個膽小鬼會躲起來。」吻獸在我背後小聲嘟囔着。

天還沒黑，但太陽已經落山了，遠遠的地平線從模糊的薔薇色變成淡紫色。我蹲在慈寧宮門口的丹陛石前，仔細地尋找。那上面雕刻着騰空展翅的鳳凰和在雲中翻騰的蛟龍，但無論我怎麼找，都找不到那隻口吐祥雲的蜥蜴。難道被吻獸猜對了，他真的躲起來了嗎？

我站起來，朝四周看了看。觀察了好一會兒，我也沒發現蜥蜴的影子，於是就坐到了丹陛石旁邊的台階上。我在那兒休息了一會兒，突然感覺自己被甚麼東西盯着。我慢慢轉過頭，發現一隻小蜥蜴在石台上的銅香爐腿後面看着我。

「你好，」我和蜥蜴打招呼說，「你是看守慈寧宮的蜥蜴嗎？」

小蜥蜴一直看着我，他慢慢地眨了一下眼。

「我想，你也許就是給慈寧宮看大門的蜥蜴？」我說，「你能離我近一點

兒嗎？」

　　他真的動了起來，但不是走近我，相反，他在快速溜走。我小心瞄準，把手裏的語文書扔了過去。語文書的書頁在空中打開，正好罩住了他。但他很快就鑽了出來，幸好我眼疾手快，一把抓住了他。

　　小蜥蜴是灰色的，和石頭的顏色差不多，但當我抓住他以後，他迅速變成了嫩綠色。

　　「喂，輕一點兒，小姑娘。」蜥蜴說。

　　「你會說話？」我有些吃驚。在我的印象裏，蜥蜴都是啞巴。

　　「很多蜥蜴是會發聲的。」蜥蜴說，「而且很多蜥蜴都是發聲大師，會在不同的情況下發出不同的聲音。你能放開我嗎？」

　　「不。」我回答，「除非你告訴我你就是看守慈寧宮的蜥蜴，而且保證不逃跑。」

　　「你這樣做是不對的。」蜥蜴搖着頭說，「假如我只是一隻普通的小蜥蜴，而我的父母正在到處找我呢？你就不怕，一會兒有大蜥蜴出來咬你？」

　　「我從來沒聽說過故宮裏有甚麼大個兒的蜥蜴，小壁虎倒是常見。」

　　「好吧。」蜥蜴歎了口氣，「你能告訴我，你找慈寧宮

的蜥蜴幹甚麼嗎？」

「我想問問他，為甚麼大家都那麼看不起他，他卻還無動於衷。」

「這太可笑了。」蜥蜴嘴裏這麼說，卻一點兒都沒笑，「你說誰看不起他了？」

「故宮裏其他的怪獸們，他們都覺得他一點兒都不像神獸，還說他是個膽小鬼。」我解釋道。

「你也這麼想嗎？」蜥蜴瞇縫着小眼睛問。

「不，我不這麼想。既然皇帝會選擇蜥蜴來幫他看守慈寧宮的宮門，那一定有理由。」

「嗯，很高興還有人保持着理智。」蜥蜴眨眨眼睛說，「我們認識一下吧，我叫守宮。我的確是看守慈寧宮的蜥蜴。」

「我猜就是你！」

「喂，喂，別這麼用力，你快把我捏碎了。你還是把我放在地上好一點兒，這樣說起話來會更容易。」

我有點兒猶豫：「我怎麼知道你會不會逃跑？」

「在知道我名字的人面前，我從來不逃跑。」

「好吧。」我輕輕把他放到地上，「對不起，弄疼你了。」

「這樣好多了。」被我放下後，守宮立刻變成了石灰

色，就像地上的石磚，「你叫甚麼名字？」

「李小雨。」

「你好，李小雨。你和故宮裏的其他怪獸很熟嗎？」他問。

「挺熟的，我們經常會碰面。」我回答。

「很好，那你知道他們平時都會出現在哪兒了？」

「怪獸們都喜歡獨來獨往，並不希望有人知道他們的行蹤。但是，有一個地方，他們會經常出現，那就是寶相花街的怪獸食堂，那裏的菜很受怪獸們歡迎。」

「這個餐廳的名字真怪。」守宮說，「你願意帶我去怪獸食堂見見其他怪獸嗎？」

「你想見他們？」我大吃一驚。

「是的，我想讓他們看看我的本領。」守宮淡淡地說。

「沒問題，你早該讓大家見識一下你的本領了。」我說，雖然我也不知道這隻小蜥蜴能有甚麼本領。

「那就出發吧！」守宮說。他跳到我的肩膀上，體色變成了和我的上衣一樣的黃色。

我帶着守宮大步朝御花園走去。這時正是寶相花街一天中最熱鬧的時候，街上擠滿了動物和怪獸們，但誰也沒發現，我的肩膀上趴着一隻蜥蜴。

怪獸食堂裏更是熱鬧非凡。墊子上都坐滿了客人，他

們面前擺着豐富、美味的食物，黃鼠狼小二們在客人們中間不停地穿梭着。一眼望去，我很容易就發現了吻獸、斗牛、角端和麒麟，他們巨大的身體各佔了兩張墊子，在矮小的動物們中間十分顯眼。

「您是一位客人嗎？可是現在沒有位置了。」門口的黃鼠狼小二說。

我沒有回答，直接走進了怪獸食堂。我站在餐廳中間，清了清嗓子，心裏有點兒緊張。

「大家注意一下！」我大聲說，「我今天要為大家介紹一位新朋友。」

怪獸食堂一下子安靜下來，大家的目光都落到我身上。

「新朋友？」

「是誰啊？」

「故宮最近有誰來了嗎？」

⋯⋯⋯⋯⋯

「不，他其實已經在故宮裏住了幾百年了，但是大家卻不認識他。」我強調說，「他是一個神獸！」

「哦？他在哪兒？」斗牛大聲問。

「就在我的肩膀上。」我回答。

「你的肩膀上明明甚麼都沒有啊？」

「難道這個神獸會隱身嗎？」

大家都奇怪地看着我。就在這時候，守宮從我的肩膀上跳下來，跳到了一塊墊子上，身體變成了翠綠色的。

　　怪獸們拍着腿大笑起來，動物們也捂着肚子大笑。他們笑得都流眼淚了。

　　「這就是你說的神獸嗎？」他們問，「哈哈哈哈，太可笑了！」

　　「是的。」只有我和守宮沒有笑。

　　「他看起來像一隻蜥蜴。」看來誰也不相信，眼前的是一個神獸。

　　「沒錯，他是一隻蜥蜴，但卻是一隻不平常的蜥蜴。他是看守慈寧宮大門的神獸蜥蜴，名字叫守宮！」我大聲說。

　　「他就是慈寧宮的蜥蜴？」怪獸們吃了一驚，但緊接着又大笑起來，「原來他就是傳說中的那個膽小鬼啊。」

　　「我今天帶守宮來到這裏，是為了證明他不是沒有本事的膽小鬼。」我有些生氣了。

　　守宮憑藉小小的後腿站了起來，昂起頭問我：「可以開始了嗎？」

　　「最好現在就開始。」我叉着腰說。

　　此後發生的事情完全出乎我的意料。

　　守宮身體的顏色由翠綠色變成了紅褐色，而且個頭兒也比剛才大了一些。他張開嘴，吐出一點火苗，像火柴燃

起的火苗那麼大。轉眼間，他的個頭兒變大了許多，已經比墊子上盛菜的盤子還要大了。他又張開嘴，噴出的火焰不小心就燒焦了黃鼠狼小二的鬍子。

「喂！故宮裏是禁止……」黃鼠狼小二還沒說完，守宮又長大了。他這次變得比黃鼠狼還大兩倍，這時我才發現，蜥蜴變大後的樣子挺嚇人的。當他再張嘴時，怪獸食堂裏的客人們為了躲避他噴出的火焰而亂成一團。

更可怕的是，守宮還在繼續長大。當他變得比我還高時，盤子在他腳下被踩得粉碎。這次連我都躲到了楸樹後。他張開大嘴，火焰躥到草地上，照亮了御花園。坐墊被燒焦了，動物們邊逃跑邊尖叫，怪獸們似乎被嚇呆了，動都不動。

「怎麼樣？」守宮問，「這場表演還不錯吧？」

吻獸突然反應過來，他張開嘴，像吃紅色的棉花糖一樣，把一簇簇火焰迅速吞進了肚子。

斗牛也站了起來：「收起你的法力吧！作為守護神獸，你難道不知道，故宮裏是不許出現明火的？」

「你們終於承認我是神獸了？」守宮笑着說，「我當然知道故宮裏是不許出現明火的。正是因為這條規定，這幾百年來，我都非常小心，從沒有施展過自己的威力。但你們卻把我當成沒本事的膽小鬼了。」

「好吧，我承認，因為一些誤解，怪獸們對你很不尊重。我替大家向你道歉。」斗牛微微低頭。

「誤解？不，那根本不是誤解，那是無知！」守宮一生氣，就有火苗從嘴裏冒出來。火苗點燃了一根小樹枝，黃鼠狼小二趕緊把一壺花茶都潑在樹枝上，才把火熄滅。

「你是對的，有的時候，我們的確無知。」斗牛承認。

「沒錯，你們相當無知，你們一點兒都不知道，幾百年來，為了防止自己體內燃燒的烈火不小心冒出來，我承受了多少痛苦。」守宮說，「我很少開口說話，儘量讓自己變得最小。我不太敢交朋友，因為哪怕是大笑的時候，我也會不小心吐出火來。在慈寧宮前的丹陛石上，你們都看到過我的樣子，你們以為我嘴裏吐出來的是普通的祥雲嗎？」

「難道不是嗎？」斗牛問。

「當然不是。那是火焰帶來的熱氣和煙霧。」守宮說，「所以，你們是一羣無知的怪獸，非常無知。哪怕只是故宮裏的事情，你們不知道的還多着呢！」

斗牛這次沒有說話，但看得出他很羞愧。

「希望這次教訓能讓你們記住，永遠不要小看那些看起來弱小、孤僻、內向、膽小的人。因為，在沒有了解他們以前，你們永遠不知道他們的身體裏蘊藏着多麼強大的力量。」守宮大聲說，「注意你們的所作所為，嘲笑別人是懦

夫的表現。」

　　說完，守宮轉身走出怪獸食堂。經過我身邊的時候，他停了下來。

　　「再見，李小雨！你是個聰明的姑娘。」

　　「再見，守宮，我會經常去慈寧宮找你玩的。」我微微一笑。

　　「來的時候最好隨身帶着滅火器。」

　　「你居然知道滅火器？」我有點兒吃驚。

　　「我對能滅火的東西都很好奇。」守宮壓低聲音說，「如果覺得滅火器太重，你也可以隨身帶着吻獸，那傢伙滅火的本事也不錯。」

　　「我會考慮的。」我笑了，「你應該是個很好的聊天對象。」

　　告別後，守宮朝着慈寧宮的方向走去。夜色中，他每走一段距離，身體就會變小一號，直到我完全看不到他。

　　「喵——蜥蜴比我想像的可怕。」一隻野貓說。

　　「今天晚上暫停營業了。」黃鼠狼小二大聲對客人們說，「我們要好好收拾一下這個爛攤子。」

　　大家都陸續走出怪獸食堂。

　　吻獸經過我身邊時說：「如果你去慈寧宮找那隻蜥蜴，希望能替我說聲抱歉。他是一個值得尊敬的神獸，真正的

神獸。」

「我想他會更喜歡你面對面和他說這些。」我回答，「下次去見守宮時，我會叫上你。」

「好吧。」

第二天清晨，上學時，我故意繞遠道路過慈寧宮的大門前。巨大的丹陛石看起來和往常沒有任何不同，但是就在雲龍的下面，海水江崖的石縫裏，我看到一隻小小的蜥蜴前身微微露出，兩隻爪子從石頭裏伸了出來，嘴裏一縷白色的煙霧縹緲地朝上飄去。他在石雕中毫不顯眼，卻又那麼與眾不同。

‖ 故宮小百科 ‖

故宮的防火措施：在故事裏，有一隻神奇的守宮保護着故宮的安全，避免火災。現實中沒有這樣的怪獸，那麼故宮有甚麼防火措施呢？

在古代，紫禁城的防火主要從儲水和減少可燃物着手。宮內有三百多口金屬大缸用來儲水，每口缸儲水量有三千餘升，人們要時刻保證缸裏有水，有時還要從金水河和冬天儲存的冰塊那裏得到水。另外，人們還要及時清除紫禁城內的枯草枯葉，注意香燭，以免引發火災。到了現代，在古代經驗的基礎上，故宮內裝配了先進的滅火設施和避雷設施，專門設立了故宮消防隊和巡查人員，來保證這座古老皇宮的安全。

6
是誰錯穿了花神衣

春天温暖的風裏有股好聞的味道，那是白玉蘭花的花香。今年傳心殿旁邊的白玉蘭樹開滿了大朵的白花，別提有多好看了。

媽媽開始清理花神衣了。這是故宮裏的傳統，每年農曆二月十五花朝節前，都要將收藏在倉庫裏的花神衣取出來，用吸塵器和小軟刷細細清理上面積了一年的塵土。

「這樣到了花朝節，花神們才好穿啊。」小時候，媽媽總是這樣對我說。

傳說有十二位花神，所以花神衣也有十二件。

一月的花神衣是桃紅色的，上面繡着梅花、竹子和喜

鵲的圖案；二月的花神衣是紅色金邊的，上面繡的是蘭花和金團壽字紋；三月的花神衣是明黃色的，上面繡的是桃花和蝙蝠；四月的花神衣是藍色的，上面繡的是牡丹花和蝴蝶；五月的花神衣是玫瑰紫的，繡着金線的石榴花和皮球；六月的花神衣是粉紅色綠邊的，上面繡着荷花與金如意；七月的花神衣是藕荷色的，上面繡的是彩蝶圍着海棠花在飛；八月的花神衣是綠色的，上面繡着雪白的玉兔和金黃的桂花；九月的花神衣是絳紫色的，繡着菊花和佛手的圖案；十月的花神衣上繡的是月季和蝴蝶；十一月的花神衣則換上了萬年青、鴛鴦和蝙蝠的圖案；到了十二月，花神衣就變成月白色的，上面繡着紅色和白色的梅花花枝，被五彩的蝴蝶簇擁着。

　　每一件花神衣都是用上好的絲緞做的，光潔美麗，摸上去是一種濕潤的感覺，用手一握，還稍稍有那麼一點溫熱。

　　我最喜歡三月的花神衣，那黃黃的顏色，彷彿是從早上的陽光上裁下來的。清朝宮廷稱這種顏色為「緗色」，我問媽媽為甚麼黃色要叫「緗色」，媽媽說，「緗」是淺黃色絲綢的意思，古人們認為，這種顏色像絲一樣淡雅。就像四月的花神衣明明是藍色，但是古人偏偏叫它「品月色」，是因為那種藍色像月光下的天空的顏色。

清理花神衣是件很費力的工作，要先用小號吸塵器吸走表面的灰塵，再用軟毛刷刷走衣縫裏的灰塵，最後要用粘塵膠粘出纖維裏最細小的灰塵。白天沒有清理完的花神衣，媽媽會把它們平鋪在寬大的架子上，等着第二天接着清理。

可是，誰也沒想到，第二天早上，鋪在架子上那件明黃色的花神衣居然丟了！媽媽急壞了，立刻通知了安保部。安保部調出所有出口的監控錄像，都沒有發現有人帶着花神衣離開故宮。難道是小偷把它藏在故宮裏，想趁人不注意的時候再帶出去？這下，全故宮的工作人員開始找起花神衣來。

「會不會是被桃花仙子穿走了？」楊永樂猜。桃花仙子是三月的花神，也是那件花神衣的主人。

「可是還沒到花朝節啊？」我眉頭緊皺，替媽媽着急。

「沒準兒是桃花仙子一着急，今年就提前穿走了呢？我們去找找看。」楊永樂拉着我走到門外。

東大房門口的碧桃樹剛剛抽出小花苞。一個穿着淡粉色長裙、繫着淡粉色腰帶的女孩正坐在下面哭泣，她的臉蛋和眼皮都是淡粉色的。幾隻野貓和麻雀正在旁邊安慰她。

「出甚麼事了？」我輕聲問一隻野貓。

「桃花仙子聽說自己的花神衣丟了，正在傷心呢。

喵——」

　　我立刻感到一股寒流流過全身，桃花仙子沒有提前穿走花神衣，那花神衣是被誰偷走的呢？媽媽會不會因為弄丟了花神衣而失去工作啊？

　　「看來只有去找野貓們幫忙了。」楊永樂說。

　　我點點頭，這是最好的辦法。故宮裏有幾百隻野貓，沒有牠們到不了的地方。我們飛快地朝珍寶館跑去，很快就在那裏找到了曬太陽的梨花。

　　「這點兒小事包在我身上，喵——」梨花信心十足地說，「只要衣服還在故宮裏，就逃不出我們野貓的眼睛。」說完，她扭扭屁股，跳上紅牆，一會兒就跑沒影兒了。

　　我稍稍放下心來，坐在珍寶館的院子門口和楊永樂閒聊起來。一直等到中午，明晃晃的太陽曬得人越來越熱，也沒有一隻野貓給我們送來花神衣的消息。

　　「不對勁啊，不能再這樣等下去了！」我站了起來。

　　「那你打算怎麼辦？」楊永樂問。

　　「自己去找。」

　　「去哪兒找？如果連野貓都找不到的話，你……」楊永樂的話還沒說完，一隻黑貓就突然出現在我們面前。我認識他，他是鐘錶館的影子——野貓中最優秀的獵手，老鼠和麻雀們看見他就會被嚇個半死。

此刻，影子的背上正坐着一隻全身發抖的小老鼠。我不知道他怎麼還能好好地坐在那裏，雖然故宮裏的兩個老鼠家族都是受保護動物——否則早被野貓吃光了——但對於影子來說，偶爾咬斷一隻老鼠的尾巴或爪子，並不算違反規定。

　　影子把老鼠從背上甩下來，說：「這傢伙知道誰拿走了花神衣，喵——」

　　「是誰？」我趕緊蹲下問老鼠。

　　「我是大庖井老鼠家族的鼠二。」老鼠在地上打了個滾兒爬起來，長尾巴仍然抖個不停。

　　「別害怕，鼠二。」我輕聲安慰他，「告訴我，誰拿走了花神衣？」

　　鼠二點點頭說：「我想……我想是、是薯條幹的。他是我大伯的姑媽的外甥。他生出來就和我們有點兒不一樣，他並不想當一隻老鼠。明白嗎？他居然不想當一隻老鼠！世界上居然有這麼奇怪的事，當老鼠難道不是最棒的事嗎？」

　　「是的，是的，當老鼠很棒。」我附和着他，只希望他快點說下去。

　　「沒錯，別的地方我不知道，但在故宮裏，沒有比當老鼠更好的了。我們有充足的食物，生活得很快樂，還受到保護，連野貓們都不能隨便吃掉我們。」鼠二挺直脊背驕

傲地說，「可是薯條不這麼想，他一心只想當一棵樹。」

「等等！你說他想當甚麼？一棵樹？」我有點兒不相信自己的耳朵。

「沒錯，一棵樹。更具體一點兒就是一棵桃樹，你不知道薯條有多喜歡那些粉嘟嘟的桃花。他覺得世界上最幸運的事情就是做一棵桃樹，那樣不但可以有桃花和綠葉相伴，還可以永遠只靜靜地思考，不用說話。」鼠二捋着鬍子說，「忘了告訴你們了，薯條不太喜歡說話，就喜歡對着一些花花草草愣神，他說這叫思考。」

「雖然薯條的性格有點兒奇怪，但是你怎麼知道是他拿走了花神衣呢？」楊永樂問。

「因為薯條曾經給我講過一個故事。無論是誰穿上花神衣，都會變成花神。就像以前那些戲曲裏的演員，穿上花神衣，就會被人當作花神來祭拜。他和我可不一樣，我雖然有時候也想嚐嚐喜鵲蛋，但絕對不會冒險爬樹去喜鵲的窩裏拿。別看薯條平時不聲不響，但只要他決定的事情，就一定

會去幹。」鼠二舔了舔嘴脣說,「最重要的是,今天天還沒亮,薯條就消失了。整個老鼠洞裏哪裏也找不到他,如果他不是被哪隻野貓偷吃掉的話……」說這話時,他的小眼睛瞥了瞥影子,「就應該是穿着花神衣逃跑了。」

「一隻穿了花神衣的老鼠會變成甚麼樣呢?」我怎麼也想像不出來。

「他會變成一棵桃樹。」這時候,一個好聽的聲音在我身後響起。我回頭一看,桃花仙子輕飄飄地向我們走來。她的眼睛紅紅的,一看就知道哭了很長時間。

「也就是說,我們現在只要找到一棵奇怪的桃樹就可以了?喵——」影子的眼睛瞇了起來,他喜歡捕獵,喜歡冒險,也喜歡偵察和破案。

「可是故宮裏很多地方都有桃樹……」我可不覺得這很容易。

「不,故宮裏的桃樹並不多。」桃花仙子打斷我說,「只不過,很多人會把杏樹和海棠錯認成桃樹,因為我們都會開出粉色的花。」

「那怎樣分辨出哪棵是桃樹呢?喵——」影子問。

「看葉子,杏樹要開花後才會長葉子,所以現在只有花苞沒有綠葉。海棠的葉子是橢圓形的,桃樹的葉子是細長的,但沒開花之前,只有小小的嫩芽。」桃花仙子耐心地

解釋。

「明白了。我來通知其他的野貓，喵──」影子興奮得在原地打轉兒，「好久沒有碰到這麼有意思的遊戲了。」

「喂！這不是遊戲，是很重要的事！」我板起臉來提醒他。

「沒甚麼區別，只要把那隻小老鼠找出來就成了！喵──」說完，他飛快地跑了。

我和楊永樂走進御花園，一起查看每一株矮樹、每棵大樹或灌木。我們發現了杏樹、榆葉梅、紫藤、玉蘭甚至楸樹，但唯獨沒有發現桃樹。正當我們準備去慈寧宮花園碰碰運氣的時候，鍾粹宮的橘貓大果跑了過來。

「我們在鍾粹宮發現一棵桃樹！喵──」大果挺着肥嘟嘟的肚子說，「就在前院的杏樹旁邊，它藏得可真好，我們差點把它當成杏樹的小樹苗。幸虧影子眼睛尖，發現了花苞旁邊不起眼的小綠葉。看那樣子，準是桃樹，沒錯！」

「走！我們去看看。」我立刻就往鍾粹宮跑。

鍾粹宮的大杏樹前，已經圍滿了看熱鬧的野貓、刺蝟、松鼠，杏樹的樹枝上也站滿了麻雀、喜鵲、烏鴉等各種鳥類，甚至連甲蟲和蒼蠅都「嗡嗡」地在半空中繞圈不肯離開。

「那隻叫影子的野貓瘋了，他居然說那棵樹是隻老

鼠。」我聽到一隻麻雀低聲對身邊的同伴說。

「野貓們一直瘋瘋癲癲的也就算了，桃花仙子這是怎麼了？居然對着那棵小樹苗說了半天的好話，現在的仙人們越來越奇怪了……」另一隻麻雀還沒說完，看到我正盯着他們看，立刻閉上嘴巴不出聲了。

我跨過慈寧宮的野貓雜毛，躲過鐘錶館的刺蝟球球，才擠到大杏樹下面。那裏的確有一棵不大的樹苗，只有大杏樹一半高，上面稀稀拉拉地長着粉色的花苞和指尖兒大小的綠葉。

「為甚麼要這麼做，薯條？」一隻上了年紀的老鼠問。

「我想好了，爺爺，我要安安靜靜地做一棵桃樹。」樹苗說話了，杏樹上的鳥兒們立刻發出嘰嘰喳喳的驚叫聲。

「可你是老鼠，生來就是一隻老鼠！」老鼠爺爺氣壞了。

「爺爺，我從來就不想當老鼠！」樹苗的樹枝微微擺動着，「現在我終於實現自己的夢想了，成為一棵樹，我最喜歡的桃樹。只要您不過來打擾我，我可以十年、甚至一百年不說一句話。我會活得比所有老鼠都久，除非有人把我砍掉，否則我就會好好地活着，聽風聲，喝雨露，看雲朵從空中飄過，沒有比這更好的生活了。」

老鼠爺爺氣得全身都在發抖。「你不能這樣！」他一字一句地說，「老鼠就是老鼠，樹就是樹。」

「爺爺，你怎麼不明白呢？」薯條悲哀地說，「我以前當老鼠的時候一點兒都不幸福。憑甚麼老天爺把我生成了一隻老鼠而不是一棵桃樹？」

「我們先別說這個了。」老鼠爺爺氣惱地說，「薯條，馬上把花神衣脫下來，還給桃花仙子。」

「我不要，我好不容易變成桃樹，誰也別想讓我變回來。」薯條說。

老鼠爺爺大聲咆哮：「你是隻老鼠，怎麼敢拿神仙的東西？趁着神仙還沒有懲罰你，趕緊把花神衣脫下來！」

薯條不再說話了，無論老鼠爺爺聲音多大，他都不再回答一個字。老鼠爺爺用爪子拚命搖晃着樹幹，恨不得把樹幹折斷。這時候，桃花仙子阻止了他。

「老鼠爺爺，能不能讓我和薯條說兩句話？」

老鼠爺爺臉一紅，急忙退後幾步，給桃花仙子讓出位置。

桃花仙子坐到草地上，安靜地看了一會兒樹苗，才張口說話：「真是棵不錯的樹苗，我還是這麼大的時候，每天都在想，我要不是棵桃樹就好了。」

樹苗「沙沙」地抖動了兩下，出聲了：「你居然不想做一棵桃樹？那可是天底下最棒的事了。」桃花仙子搖了搖頭：「我可不這麼認為，我更想成為一隻鳥。」

「鳥？」

所有人都吃了一驚，桃花仙子居然想變成鳥？

「是的，那時候我還是一棵普通的小桃樹。每當有小鳥落到我的樹枝上，我都會感到快樂。我更喜歡看牠們在天空中飛翔的樣子，多麼快樂，多麼自由啊，飛翔一定是這世界上最棒的事情。」桃花仙子說。

「後來呢？」樹苗問。

「後來我慢慢長大，長成了粗壯的桃樹。再後來我變成了花仙，成了現在的模樣。我真的會飛了，只要輕輕一踮腳就能飛上天空。」

「你是要告訴我，如果我成了神仙也可以飛嗎？」樹苗疑惑地晃動着樹枝。

「不。」桃花仙子搖着頭，把手掌攤開，一件黃色的、繡着桃花圖案的絲緞衣服忽然出現在她的手上。而面前的小樹苗已經變成了一隻瘦小的老鼠，正瞪着圓溜溜的眼睛，不知道發生了甚麼事。

桃花仙子微微一笑，說：「我是想告訴你，無論你想變成甚麼都應該靠自己去努力，而不是拿別人的東西來實現自己的夢想。花神衣我收回了，另外還要懲罰你在我的樹下掃十天的花瓣。如果你再做這樣的事，可就不是掃花瓣這麼簡單了。」說完，桃花仙子站起來，拍了拍裙子上的

土，邁着輕盈的步伐離開了。大杏樹下，只剩下一隻傻乎乎地坐在地上的小老鼠和看熱鬧的動物們。

「趕緊跟我回家，太丟人了！」老鼠爺爺拖着那隻小老鼠朝外走，動物們自覺地給他們讓路。

我終於鬆了口氣，沒想到一隻小老鼠就把大家都折騰得夠嗆。看熱鬧的動物們都散開了，我和楊永樂也朝着西三所的方向走去。這時，太陽慢慢地滑下了地平線，遠處的天空只剩下鑲着金邊的晚霞。那天晚上，天一黑，花神衣就出現在了媽媽辦公室的門口，它被疊得整整齊齊地放在台階的石磚上，上面還殘留着淡淡的桃花香。

‖ 故宮小百科 ‖

花神衣真的是給仙女穿的嗎？ 在這個故事裏，我們讀到故宮收藏了清朝十二件美麗的花神衣。那麼它們真的是給每個月的花仙穿的嗎？其實並非如此，這十二件衣服，其實是清宮內戲曲演員穿的戲服。

清宮內根據禮儀要求，有表演「承應戲」的傳統。「承應戲」是每年按節令演出的戲劇，因此又叫「節令戲」「應節戲」，總計約有兩百多種劇本，戲劇的內容既有講人的，也有講神仙的故事。花神衣就是承應戲演員扮演花神時穿的衣服，比如道光和光緒年間，在花朝節（農曆二月十二或二月十五）和皇太后的萬壽，宮內會上演一齣名叫《萬花獻瑞》或《萬壽長春》的承應戲。劇中花神傳諭十二月令花神齊齊開放各種花卉，並且在御筵上唱歌跳舞祝壽，獻上「萬壽長春一統長清」字樣。劇末眾花神同唱：「共裝點成韶舞御屏前，冉冉香雲蔚起，萬花呈瑞，願長承雨露護琪瑤。」到了中秋節上演承應戲《草木銜恩》時，演到其中第十九齣「欣瞻景運駕星軺」和第二十齣「共慶清秋呈豔舞」，十二月花神也會同台出現在戲台仙樓上表演。

7
不許說謊的怪獸

「你說你是誰？」

「諦聽。」

燈光聚攏在玻璃展櫃裏，讓那裏看起來像是一個明亮的小舞台。「舞台」上，一尊地藏菩薩的銅像靜靜地擺在中間，地藏菩薩的腳下，一個拇指大小的怪獸正仰着頭和我說話。

這裏是午門的「中國佛像展」。我和保安叔叔說了一大堆的好話，他才允許我在遊客散去後多看半個小時。沒想到在看到明朝的高義造銅地藏像時，地藏菩薩腳邊的怪獸居然開口說話了。

「哦⋯⋯你好，諦聽，很高興見到你。你剛才對我說甚麼？我沒聽清。」

「能不能幫我按一下那個展櫃旁邊的按鈕？」

我睜大眼睛問：「你想出來？」

「是的，我很久沒有到處轉轉了。」諦聽不慌不忙地說。

我有點兒猶豫：「那你還會回來嗎？」

「當然，無論去哪兒，我一定會回到地藏菩薩的身邊。」

「我可以幫你，但你要答應我不跑出故宮。你要是被外面的人看到了，非把他們嚇壞不可。」

「知道了，知道了。」諦聽滿口答應。

我偷偷繞到展櫃的後面，躲開保安叔叔的視線，按下旁邊的按鈕。「喀啦」一聲，展櫃的玻璃門開始移動。保安叔叔似乎聽到了聲音，朝我這邊走過來。

「小雨，出甚麼事了嗎？」

「沒事，沒事。」我連忙把玻璃門重新關好，嚇得手心裏全是汗。

「哦？」保安叔叔走過來看了看，沒發現甚麼不對勁的地方，「我要下班了，你也趕緊回去吧！」

「好的，謝謝王叔叔。」我轉身就朝展廳的大門走去，連頭都不敢回，只是在心裏默默祈禱諦聽不要被保安發現。

走出午門展廳，我躲進旁邊的門洞偷偷往展廳裏張望。大約五分鐘後，保安叔叔走出了展廳，將大門鎖好。等他走遠後，我飛快地跑到大門前，從門縫兒往裏看。展廳裏安靜極了，連隻老鼠的影子都沒有。諦聽跑到哪裏去了呢？

「喂！你在看甚麼？」身後有個聲音把我嚇了一跳。

我轉身一看，一個巨大的怪獸正站在我身後。他長着虎頭、狗耳、龍身、獅尾和麒麟腳。

「你是……諦聽？」詭！他怎麼能一下子變得這麼大？

「是的。」諦聽點點頭。

「你怎麼出來的？」

「跟着你一起出來的啊。」

「你一直跟在我身後？」我大吃一驚，「保安居然沒看到你？」

「我可以變成拇指那麼小，很難被人注意到。你說過，不希望我被人類看到，我要遵守承諾。」

我鬆了口氣：「很好，希望你在故宮裏度過難忘的假期。我還有作業要做，就不陪你了。」

帶着一個怪獸在故宮裏到處轉絕對不是個好主意。我轉身就走，希望我的怪獸朋友能沿着太和門廣場一直走下去，不要再過來打擾我。

「做作業？」諦聽笑了，尾巴隨意擺動着，「為甚麼要說謊呢？你是要去找朋友玩吧？」

我嚇了一跳，手裏的書包差點掉到地上。「我……我沒說謊啊……」雖然嘴上不肯承認，我心裏卻無比奇怪，他怎麼知道我要去找楊永樂玩呢？

「得了，孩子。對誰說謊也不要對諦聽說謊。」諦聽得意地笑着，「你沒聽說過我的故事嗎？我可以通過聽來辨別世間萬物，無論是人還是動物，神仙還是鬼怪，我都能聽出誰在說謊，他的心裏在想甚麼。」

「所以你的名字才叫作諦聽……」我的腦袋裏突然冒出一個主意，「諦聽，你能幫我個忙嗎？」

他看起來很高興：「是你放我出來的，我當然也想感謝你。說吧，要我幫甚麼忙呢？」

「跟我走吧，很快你就知道了。」我走到前面，朝他揮了揮手。走到儲秀宮時，天已經黑了。沿途的路燈「啪、啪、啪」地亮了起來，照亮了紅牆和宮殿。「哇！這是誰的法術？」諦聽很感興趣地看着那些小亭子一樣的路燈。

「這不是法術，是人類的發明，用電能點亮燈泡。」

「看來人類越來越聰明了，這很有意思，太有意思了。」諦聽臉上浮起一個讓人看不懂的表情。

我們走進失物招領處。楊永樂正在寫作業，看到我，

他的臉上露出了輕鬆的微笑。

「你可算來了……哦？你還帶了客人？」他看着我身後的怪獸，一點兒都不吃驚。沒甚麼可奇怪的，在故宮隨時都能遇到出人意料的事情，我們都習慣了。

楊永樂站起來，整理了一下衣服對我說：「這位是誰？你不介紹一下嗎？」

「在介紹之前你先回答我一個問題。」我打斷他說，「我是不是你最好的朋友？」

「為甚麼突然這麼問？你當然是我最好的朋友。」楊永樂被我的問題嚇了一跳。諦聽卻在旁邊搖晃着他的老虎腦袋說：「不，你並不確定小雨是不是你最好的朋友，有的時候你會覺得元寶和你更合得來。」

「喂！你怎麼能這樣說？」楊永樂嘴巴張得老大。

「這是你的真實想法，不是嗎？」

這下，楊永樂皺起了眉頭問：「你到底是誰？」

「諦聽。很高興見到你。」諦聽動了一下他的狗耳朵。

「你是諦聽？」楊永樂大叫起來，「我在《西遊記》裏看過你的故事。六耳獼猴變成孫悟空的模樣，天上的神仙、佛祖都沒能辨別出誰是真的孫悟空，最後是地藏王菩薩派你出來識別，結果你一下就認出來了。」

「這不算甚麼。」諦聽謙虛地說。

「所以……」楊永樂上下打量着諦聽,「真的沒人能在你面前說謊話?」

「是的。」

「太好了!」楊永樂一下子轉向我問,「小雨,昨天你們班的黃西西是怎麼說我的?」

我的眉頭皺了起來:「我能不回答嗎?」

「不行,誰讓你剛才給我挖陷阱的。」

「好吧。」我歎了口氣,小聲說,「她說,相比你的衣服,你的髮型更難看。」

「我就知道她不喜歡我。」楊永樂假裝不在乎地說。

但我知道,他應該很傷心,他一直覺得黃西西很可愛,我本來不打算告訴他實話的。

氣氛一下子變得很尷尬。看來,不能說謊的世界並不是那麼美好。就在我們沉默時,諦聽看看我又看看楊永樂,問:「我是不是完成任務了?我可以離開了嗎?」「當然。」我趕緊點點頭。我已經希望他能離我遠點兒了。

「那就再見吧!」諦聽熱切地說,「不過,當你們需要我的時候,我會隨時出現的!」

第二天一早,諦聽就登上了《故宮怪獸談》的頭條。不得不說,梨花的消息相當靈通。報紙上報道,怪獸諦聽出現在故宮後,動物、怪獸和神仙們都爭相邀請他幫忙

測謊。

　　上學的路上，我聽見兩隻麻雀在我頭頂的樹梢上聊天。

　　「聽說了嗎？昨天晚上，蒙古神找到了丟失好久的神鼓，你猜是誰偷的？」

　　「誰？」

　　「坤寧宮裏一隻叫黑眼的烏鴉。蒙古神請來了諦聽，把坤寧宮所有的動物都叫到一起，就問了一句話，諦聽就看出誰在說謊了。可真厲害！」

　　「這下，故宮裏估計沒人敢說謊了。」

　　「那也就不會有人被騙了。要我說，諦聽真是這故宮裏最厲害的怪獸。」

　　這些話讓我心裏舒服了許多。說實話，昨天我還有點後悔把諦聽放了出來，但現在看來，他的確能把故宮變得更加美好，畢竟說謊騙人是不對的。

　　等我放學回來的時候，整個故宮都在談論諦聽的各種英雄事跡：他識破了老野貓的謊言，幫助野貓黑點找到了親生母親；他鼓勵黃鼠狼小二說出實話，說怪獸食堂的奶油炸糕雖然好吃，但廚師放的糖和油太多，對健康不利；他還告訴角端大家對他的真正想法是，如果他再不減肥，估計就要被膽固醇害死了，這讓角端下決心開始減肥……

　　總的來說，消息還都算是好的。諦聽似乎也開始越

來越享受自己在故宮裏受到的尊重。我吃完晚飯後在東筒子夾道上碰到他，他收到龍大人的邀請，正在去雨花閣的路上。

「我將為故宮創造一個沒有謊言的世界。」他熱情地說，「沒有欺騙，沒有虛偽，沒有吹牛……多棒啊！這會是個完美的世界。」

「應該……會吧。」我嘴上這麼說，心裏卻在想，那些善意的謊言呢？要是沒有了，真不知道這世界會怎麼樣。

「善意的謊言畢竟是少數。」諦聽立刻回答了我的疑問，這讓我心裏很不舒服。

「你能不能不『聽』我心裏的想法？」

「對不起，我習慣了。」他往後退了幾步，說，「我以後會注意的。」

「再見！」我急匆匆地跑開，希望離他越遠越好。一直跑到御花園，我才停下來喘口氣。這個距離應該足夠遠了，遠到諦聽「聽」不到我的想法。說實話，從放他出來的第一天開始，我就有一種不祥的預感，現在這種預感越來越強烈了。

一個完全不能說謊的世界，真的會像諦聽描述得那麼好嗎？

御花園裏，寶相花街上的狐仙集市更熱鬧了。冬眠

的動物們都睡醒了，集市上的攤位數量比冬天時增加了一倍。我被集市上漂亮的春季商品吸引住了，一時間忘記了對諦聽的擔憂。

「這條紫玉蘭圍巾多少錢？」我拿起一條淡紫色的圍巾，薄得透明的棉布被玉蘭花染得好看極了。

「小雨真是有眼光，這個可是限量版哦，只有這一條的。」做生意的刺蝟大聲說，「只要三十塊錢，或者用一籃子草莓來換也可以。」

　　三十塊，不貴嘛。我剛準備付錢，突然有人在我肩膀上拍了一下。我回頭一看，諦聽不知道從哪裏冒了出來。

　　「你不是去雨花閣……」我還沒問完，諦聽就搖着頭對刺蝟說：「做生意也不能騙人啊！你那裏明明還有好幾條紫玉蘭圍巾，為甚麼偏偏要說就一條呢？」

　　「你……你……你難道就是諦聽？」刺蝟的臉憋得通紅，「話雖那麼說，但是我的每一條圍巾都是手工染色的，所以當然都不一樣！」

　　我看看手裏的圍巾，其實我並不在乎它是不是唯一一條。但是被諦聽這麼一說，我已經失去了購買的興趣，慢慢將圍巾放回了刺蝟的攤位。刺蝟氣得肚子鼓鼓的，而諦聽已經去別的攤位管閒事兒去了。

　　一隻野貓正在黃鼠狼的攤位上品嚐新釀的梨花酒。

　　「味道怎麼樣？」

　　「真不錯，但對我來說淡了一點。」

　　野貓剛放下手裏的酒杯，諦聽就出現了。

　　「你怎麼能騙人呢？」他對野貓說，「你明明在想『這麼難喝的酒也好意思拿出來賣？還不如金水河裏的水呢』。」

　　「你居然說我的酒難喝？」黃鼠狼的眼睛彷彿開始冒火星了。

　　「我只是心裏這麼想，並沒有說出來啊。」野貓冤枉地

說，「而且，你的酒明明就是很難喝啊！難道不是拿自來水泡花瓣泡出來騙錢的？」

「你居然敢這麼說！」黃鼠狼一下子從攤位裏跳出來，一拳打在了野貓的臉上。野貓也不甘示弱，和黃鼠狼滾到一起互相撕咬。周圍的動物和怪獸們都圍過來勸架，只有諦聽，好像沒他甚麼事一樣，去別處轉悠了。

但無論他轉到哪裏，攤主都會迅速地收好攤子，連生意都不做了。直到他走遠，才會重新開張，招呼生意。

「喂，你的招牌上寫着『甜桑葚』，但是這些桑葚並不是每個都甜啊！」他終於找到一個沒來得及收攤的攤位。

「難道你要我寫『酸桑葚』嗎？」賣桑葚的喜鵲嘴巴也不饒人。

「那也不行，並不是每個都酸⋯⋯」諦聽認真地說。

「真無聊啊！只說實話的世界難道不是又冷酷又無聊嗎？」喜鵲大聲說，「賣衣服不能寫最新款式，因為每分鐘製衣廠都會有比它款式更新的衣服做出來；餐館裏的菜名也只能變成『菜籽油炒雞肉丁、花生加葱』這種難聽的名字；寫小說的根本沒法寫了吧？作家除了自己親身經歷的事情，甚麼都不能寫，更別說甚麼科幻小說、童話了；動畫片估計就會消失了吧？世界上哪裏有會說人話的羊和熊呢？所以啊，諦聽，一個只說實話的世界一定會變得很冷酷。」

諦聽被弄糊塗了：「大家都說真話難道不對嗎？」

「說真話當然沒錯，但適當的時候說點兒善意的謊話，比說傷害人的真話要好得多！」喜鵲頭一扭，不再理他了。

諦聽愣在那裏，說不出話來。

就在這時，一位身披袈裟、手捧蓮花的出家人走進了狐仙集市。沿途的怪獸和動物們看到他後，都恭恭敬敬地讓出道路。

他走到諦聽面前，諦聽立刻伏下身體：「地藏菩薩，您來找我了？」

「諦聽，隨我回去吧。」地藏菩薩面容安詳、和善。

「在我隨您回去前，想請您先解答我心中的疑問。」諦聽說，「若是沒有謊言，這個世界難道不會變得更好嗎？」

地藏菩薩微微一笑，說：「剛出生的嬰兒會為了讓母親留在身邊而假哭，無所顧忌的真話仍然會傷害人。所以，重要的不是說謊話還是真話，而是你心底是善念還是惡念。」

說完，他騎上諦聽，朝着午門而去。

故宮小百科

午門：午門是紫禁城的正門，位於紫禁城南北軸線上。其前有端門、天安門（皇城正門，明朝稱承天門）、大清門（明朝稱大明門），其後有太和門（明朝稱奉天門，後改稱皇極門，清朝改今名）。各門之內，兩側排列整齊的廊廡。這種以門廡圍成廣場、層層遞進的佈局形式是受中國古代「五門三朝」制度的影響，有利於突出皇宮建築威嚴肅穆的特點。它建成於明永樂十八年（1420年），清順治四年（1647年）和嘉慶六年（1801）重修。

午門分上下兩部分，下為墩台，正中開三門，兩側各有一座掖門，俗稱「明三暗五」。墩台兩側設上下城台的馬道。五個門洞各有用途：中門是皇帝的專用門，帝后大婚時，皇后的轎子也從這裏進入；此外，科舉考試獲得狀元、榜眼、探花的考生，在殿試結束宣佈完名次後，也可以一走中門。東側門供文武官員出入。西側門供宗室王公出入。兩掖門只在舉行大型活動時開啟。正樓兩側有鐘鼓亭各三間，每遇皇帝親臨天壇、地壇祭祀則鐘鼓齊鳴，到太廟祭祀則擊鼓，每遇大型活動則鐘鼓齊鳴。午門整座建築高低錯落，左右呼應，形若朱雀展翅，故又有「五鳳樓」之稱。

每年臘月初一，要在午門舉行頒佈次年曆書的「頒朔」典禮。遇有重大戰爭，大軍凱旋時，要在午門舉行向皇帝敬獻戰俘的「獻俘禮」。明朝皇帝處罰大臣的「廷杖」也在午門進行。每逢重大典禮及重要節日，都要在這裏陳設體現皇帝威嚴的儀仗。現在故宮博物院也在午門舉辦一些展覽。

8
暹羅國的黃金書

　　每到春天氣温最舒服的日子，故宮裏的古建築就會迎來一輪大的修整。工作人員們會從九千多間房子裏，找出那些還沒有維修過的、過於破舊的房子來進行維修復原。所以，這段時間，每當我回到故宮，總能聽到「哐、哐、哐……」修房子的聲音。

　　而我媽媽就更忙了，倒不是因為她也要去修房子，而是因為每次修繕這些將近六百年的宮殿時，故宮裏的研究人員都會發現些「驚喜」。

　　比如，施工人員修欽安殿的時候，在寶頂裏發現過藏文經卷；修太和殿的時候，從房樑上發現過五塊神祕符牌；

修天安門時，在琉璃瓦下發現過裝着玉器的木盒……

　　而這次，發現「驚喜」的地方是一個特別不起眼的小宮殿——昭仁殿。

　　在維修昭仁殿後面一間破損嚴重的小倉庫時，故宮的工作人員發現了一批被遺忘的文物。這些文物大多數是古代書籍和賬本。在整理這些文物的時候，媽媽意外找到一個標記着紅色圓圈的木盒子。木盒子很重，媽媽一下子沒有搬動，但盒蓋打開得卻意外輕鬆，稍稍一碰就打開了。出現在眼前的是一份寫在絹帛上的信。

　　「帛書？」媽媽興奮極了，以為自己發現了漢朝的文物，那時候的人們喜歡在絹帛上寫書信。但在粗粗看過絹帛上的文字後，媽媽冷靜了很多。書信的落款上寫着，這封書信是在清朝乾隆年間寫的，比她預想的晚了一千多年。

　　「也不錯。」她嘀咕着安慰自己，輕手輕腳地整理箱子裏剩下的東西，打開一層又一層柔軟的絲絹。忽然，媽媽的眼睛睜得老大。

　　「哎喲！這是甚麼啊？」薄薄的絲絹下面，一片很大的金箔露了出來，亮閃閃的直晃眼睛。媽媽把臉湊過去，發現金箔上刻着小字，是一種奇怪的文字。

　　「真不得了！這不會是黃金書吧？」

　　她早就知道，從明朝開始，東南亞的安南、占城、

暹羅、真臘等國家會向中國皇帝進貢用金箔刻成的文書，但是她還從沒親眼看過。因為皇帝在收到這些金箔後，很快就會把它們熔化，做成嬪妃們的首飾或者其他黃金工藝品。這麼完整的、沒有被熔化做成其他東西的黃金文書，實在太少見了！

很快，這件事就傳遍了故宮。專家們認定這是一份古暹羅國（今泰國）金葉表，上面刻的是古暹羅文字。文字已經有些模糊，但仍能從中推斷出此表文可能為當時暹羅國王呈給清朝皇帝的國書。

一份黃金國書，這實在太珍貴了。但是大家還沒來得及高興，就發現了更大的問題——沒人能拿動它。

雖然只是薄薄的一片金箔，但是沒有人能把它從箱子裏拿出來。更誇張的是，當人們把木箱子拆掉後發現，這片金箔居然懸浮在距離地面十厘米左右的地方。

媽媽是第一個發現黃金國書的人。她一開始想把它從箱子裏拿出來，沒有成功。箱子拆掉後，她想從空氣中把黃金國書拿下來，但它並不領情。當她把手挪開時，黃金國書還是一動不動地懸在空中。

故宮所有的工作人員都震驚了，沒人明白這是怎麼回事。大家都不敢輕舉妄動，怕一不小心毀了這份珍貴的文物。在商量了很久後，大家決定在黃金國書旁邊安裝一個

攝像頭，由工作人員輪流監視它，看它的位置會不會有甚麼變化。

夜幕降臨，忙碌了一天的工作人員陸續離開了昭仁殿，倉庫的大門在他們身後被關上。黃金國書依然懸在那兒，絲毫沒有活動的跡象。

回到辦公室後，媽媽一直盯着電腦屏幕上黃金國書的監控視頻。我真不知道她在看甚麼，那片金箔連一點兒要動的跡象都沒有。如果它已經懸浮在那裏兩百多年，肯定不會在這幾天忽然發生甚麼變化。

「分明是不可能的……」她自言自語道。

我倒並不奇怪。自從進入怪獸們的世界後，故宮裏發生任何事情我都不會覺得奇怪。如果科學解釋不了這種現象，那怪獸和神仙們準能告訴我答案。可惜，今天晚上我不能去問他們，老師留的作業實在太多了，多得讓我絕望。好在這種事情今天晚上問和明天晚上問沒甚麼區別。

媽媽一夜都沒有上牀。第二天早晨起牀後，我發現她趴在辦公桌上睡着了，面前是覆蓋黃金國書的那份寫在絹帛上的書信。

下午放學回來後，我順路去昭仁殿想親眼看看那張神奇的黃金國書，卻發現可能整個故宮的工作人員都擠在那裏了。昭仁殿的院子裏到處都是工作人員，故宮博物院的

院長也站在他們中間。安保處對這裏加強了警衛，防止不相干的人混進宮殿。

我被警衛叔叔擋在了大門之外，他說現在不是看熱鬧的時候。我倒也不怎麼遺憾，白天不行，就等晚上再來看，正好那時候還能找怪獸們問問是怎麼回事。

那天在食堂吃晚飯的時候，我聽楊永樂說，故宮請了好幾位國內最厲害的科學家來研究這種違背物理規律的現象。但是，沒有任何一位科學家能解釋黃金國書為甚麼會懸浮在空中不掉下來。甚至有一位專家猜測，這可能源於某種神祕的宇宙力量。

「他們沒準兒覺得是外星人幹的。」我猜。

楊永樂笑着說：「我覺得也是，科學家寧可相信這是外星人的超能力，也不願意相信是神仙和怪獸們的魔法。」

晚上，我和楊永樂並沒有順利地溜進昭仁殿。警衛們二十四小時守在那裏，躲過他們的眼睛並不難，但想躲過他們手裏牽着的警犬的耳朵和鼻子可就太難了。

還好，我們在中和殿裏找到了怪獸斗牛。然而和我們想的不一樣，斗牛說他從來沒聽說過這件事。

「懸在半空中？」斗牛歪着腦袋說，「難道是誰給它施了定身術？」

「甚麼叫定身術？」我好奇地問。

楊永樂大聲說：「定身術你都不知道？《西遊記》裏孫悟空偷吃蟠桃，七仙女發現後要去找王母娘娘告狀，結果被孫悟空『定』在空中不能動彈，就是中了定身術。」

「哦哦，我想起來了。」我恍然大悟，「故宮裏誰會定身術啊？」

「嘲風會定身術，但這不可能是他做的。」斗牛的回答出乎我們意料，「因為定身術只會暫時把人或東西定住，再厲害的定身術也不可能把金箔定住上百年。」

「會不會那份黃金國書本身就是古暹羅國的甚麼法器，有甚麼法力呢？」楊永樂提出了新的想法。

「有可能，不過我對古暹羅國的法器和法術不熟，幫不上你們甚麼忙。」斗牛說。

整整三天過去了，一切如故。那份古暹羅國的黃金國書穩穩地懸在距離地面十厘米左右的半空中，每天都有專門的研究人員測量它的高度、位置，哪怕它移動一毫米也會被發現。但是，它就那麼懸着，沒有一點兒變化。

一波又一波不同研究領域的科學家走進昭仁殿，他們帶着各種稀奇古怪的儀器，但都沒有任何收穫。昭仁殿曾經是古代皇帝的藏書館，但現在它就像是一間科學實驗室。科學家們使用了各種方法和工具。無論是牽引機的蠻力，還是巨大的磁場，或是其他高科技手段都拿黃金國書

沒有辦法。

　　一個暖風吹拂的晚上，媽媽難得和我一起待在辦公室裏。自從發現黃金國書後，她完全着迷於對它的研究，連晚上睡覺都是在昭仁殿打地鋪。

　　此刻，她坐在我的對面，面前仍然是那份寫在絹帛上的書信。那上面的每個字她都看了幾十遍。現在，她似乎終於弄清楚了那上面的意思。

　　「它把自己保護得很好。」她一邊點頭一邊說。

　　「誰？」我好奇地問。

　　「那份黃金國書。」媽媽眨了眨眼睛，「我想現在只有這一個解釋了。」

　　「媽媽，你找到答案了？」我大吃一驚。

　　「在學術界這也許算不上是答案，但是我實在想不出其他的解釋了。」媽媽回答說，「這份帛書上說，黃金國書是在乾隆四十六年被古暹羅國的使者獻給乾隆皇帝的。而僅僅十一天後，皇帝就命人把它熔化，為自己最喜歡的容妃打造一支金簪。就在太監準備把它取出木箱時，它忽然定住了，無論是誰都無法移動它。結果，太監只好拿了另一份金葉表做了金簪。這之後，乾隆四十七年、四十八年、四十九年，太監們曾經多次想把它拿下來都沒有成功。最後乾隆皇帝知道了這件事，認為『此乃靈物，天降祥瑞』，

命人修書封箱，並且每日燒香參拜。」

「所以它才能被保留下來！」我尖叫道。

「沒錯。我查了資料，清朝內務府的《活計文件》記錄，這種黃金國書，僅古暹羅國就向清朝皇帝進貢過四十四份，要是加上其他東南亞國家進貢的，估計不止一百份。但是現在，完整保留下來的只有這一份。其他都被扔進熔爐，做成別的東西了。」她激動得聲音都有些發抖，「這說明甚麼？說明它之所以能夠保留下來，就是因為沒人能移動它，把它扔進熔爐，明白嗎？」

「一份黃金國書居然為了保護自己產生了神奇的力量……科學家們會怎麼想？」我故意這樣問。

「不知道。」媽媽聳了聳肩，「也許他們能找出其他更合理的解釋。」

然而，在一個星期後，科學家們放棄了。那片金箔始終懸浮在那裏，沒有任何線索，沒有外星人的祕密，沒有超出科學認知的自然力量……它就那麼不可思議地懸浮着，沒人知道為甚麼會這樣。

在科學家們離開昭仁殿後，大批的警衛人員也離開了，只剩下一個胖乎乎的警衛守在那間小倉庫的門口。所有見過黃金國書的人都簽署了有關的保密文件。故宮不想讓這個消息泄露出去，倒不是怕別的，而是怕看熱鬧的人

太多對文物保護不利。可以想像，如果新聞媒體知道了這件事，會造成怎樣的轟動。估計那個時候，昭仁殿的這間小倉庫會變成世界上最火的參觀景點。

等我親眼看到這份古暹羅國的黃金國書時，天氣已經相當熱了。

那是一個晴朗的夏夜，趁着警衛換班，我和楊永樂一起溜進了昭仁殿。我們倆坐在地板上，手電筒的光照在那張懸浮的黃金國書上。它仍然一動不動，比在監視器裏看到的更加詭異。

我們沒有任何期待，只是想親眼看看這種奇異的現象。倉庫裏安靜極了，甚至能聽到老鼠在屋頂上「咚咚」跑過的聲音。

我和楊永樂都小心翼翼地用手指摸了摸黃金國書的邊緣，涼涼的金屬手感，沒甚麼特別的。但我們仍然抑制不

住心中的激動——為自己見證了奇跡而激動。

十多分鐘後，我們才從激動的情緒中平復下來。我看了下手錶，快到換班警衞上崗的時間了，我們必須離開。

我和楊永樂湊近黃金國書，準備再看最後一眼。

就在這一刻，金箔突然動了。沒有任何預兆地，它「哐啷」一聲掉在地磚上，震動了幾下。我們嚇壞了，死死地盯着它，彷彿它突然活了似的。但落到地面上後，它並沒有再發出其他聲響，只是靜靜地躺在地板上。

我和楊永樂對望了一眼。我發誓，我們沒有任何奇怪的舉動。但它就是掉下來了！懸停在半空中兩百多年的古暹羅國黃金國書偏偏在這一刻掉到了地面上！

楊永樂輕輕走了過去，把它從地面上撿起來。他沒費甚麼力氣，金箔很薄，薄得甚至能捲起來。

大約十分鐘後，我媽媽和其他幾位工作人員趕到了昭仁殿。因為，一個工作人員無意中從監視器裏發現黃金國書掉了下來。

還好攝像頭記錄了整個過程，證明了我和楊永樂的清白，否則我們兩個是怎麼也說不清楚的。但是，我們仍然要為私闖昭仁殿付出代價。在這之後的兩個星期裏，我和楊永樂都被要求不准離開各自的住處。

古暹羅國的黃金國書在那一天就恢復了正常，再沒有

甚麼奇怪的事情發生了。

我媽媽認為，這是因為它確定了自己已經安全，現在的故宮裏不會再有人把它扔進熔爐了。

等到我和楊永樂的禁足處罰解除後，這份寶貴的黃金國書已經被擺進了珍寶館的展櫃裏。

當我們在珍寶館看到它時，它仍像那天晚上一樣散發着黃金特有的、迷人的光澤。在它的下面，一塊小銅牌上寫着它的大名——「古暹羅國金葉表」。

故宮小百科

暹羅國金葉表文：現實中，在台北國立故宮博物院，收藏有一件乾隆時期的暹羅國金葉表文。這件金葉表文裝在螺鈿木盒內，配有銅環、金線袋和龍紋蜜蠟封泥，裝幀極其講究。在清朝的朝貢體系中，藩屬國向中國皇帝上呈的文書叫做「表」。一般認為，台北收藏的這件金葉表文是乾隆時的暹羅國王鄭昭所呈，鄭昭因擊退入侵的緬甸軍，被推舉為王，他為爭取宗主國的承認，獲得所謂「正統」的政治地位，所以準備了豐厚的禮物上貢，請求冊封，這份表講述的應該就是這件事。根據內務府「活計檔」，清宮經常將外藩入貢時所呈遞的金表熔化，來做成其他的東西，因此表文被保留下來的相當稀少。

9
真假太和門

　　我迷路了，在故宮裏。撿到洞光寶石以後，儘管我已經習慣了各種稀奇古怪的事，但是仍然不習慣迷路。

　　我在太和門附近轉了三圈，進進出出太和門不下十次，但眼前的仍然是太和門和它兩側的貞度門與昭德門。

　　我本來打算出午門去買雪糕吃的。旁邊的胡同裏新開了一家雪糕店，草莓味的雪糕被裝在脆脆的蛋筒裏，別提多好吃了。可是，我這樣呆呆地走來走去，走出了一身汗，卻連午門的影子都沒看到。

　　出了太和門就是午門，這是怎麼也不可能錯的事情啊！我突然想起奶奶曾經講過「鬼打牆」的故事：「有一次，

我在半夜出門，無論我怎麼走，總是在一個地方繞圈子，怎麼也走不出去。這就是遇到鬼打牆了。」說這句話的時候，奶奶還使勁眨了兩下眼睛。

難道我也遇到「鬼打牆」了？我嚇出了一身冷汗，腳也邁不動了，一屁股坐到太和門前的台階上。我望着眼前的太和門，再看看身後的太和門，是我眼花了嗎？故宮裏怎麼可能有兩座太和門？這時候，耳邊忽然響起一個細細的聲音：「有意思啊，有意思！」我吃了一驚，就在離我不遠的地方，一隻藍眼睛的白色波斯貓正歪頭打量着我身後的建築。啊！原來是長春宮的野貓饅頭。

「饅頭，你也能看到兩座太和門嗎？」我着急地問。

「當然能看到，我們貓的眼睛在晚上比在白天還要厲害呢。喵——」饅頭晃着他那顆饅頭一樣雪白的大腦袋說，「沒想到有關太和門的傳說是真的。」

「甚麼傳說？」我瞪大眼睛。

「你不知道嗎？喵——」饅頭瞇起眼睛說，「故宮裏曾經造過一座假的太和門。」

假的太和門？我「噗哧」一聲笑了。這怎麼可能？皮包、鞋子甚至雪櫃都可以造假，但太和門可是有十多層樓高的大建築，怎麼可能造假呢？

「喂！你不信嗎？喵——」饅頭不高興地看着我，壓

低聲音說，「這是我的祖先流傳下來的大祕密。」

「甚麼樣的祕密呢？」我忍住笑問。

「你知道我的祖先是誰嗎？喵——」

我搖搖頭。

饅頭翹起鼻尖，驕傲地說：「我的祖先是隆裕皇后最寵愛的御貓。我們家族流傳的那個關於假太和門的傳說，據說就是她傳下來的。喵——」

「哦？快給我講講。」我來了興趣。

饅頭「哼」了一聲，就開始講故事了：

「很久很久以前，到底有多久呢？其實也沒多久，也就一百多年前吧。那是個冬天，天冷得要命，皇宮裏卻熱鬧極了。因為光緒皇帝馬上就要結婚了，這可是皇宮裏最大的喜事，所有人都在忙着準備皇帝的婚禮。」

「一個颳着大風的深夜，看守貞度門的士兵正在油燈下打瞌睡，完全沒注意到油燈的火苗已經燒毀了燈壁，點燃了房屋。」

「皇宮裏突然響起了急促的鑼鼓聲，巨大的火苗映紅了天空，濃煙瀰漫到整個皇宮。」

「着火了！太監、侍衛和宮女們忙着救火，然而貞度門的屋頂和柱子瞬間就消失在了大火中。貞度門西邊的皮庫和東北的茶庫也很快被燒光了。不久，太和門被大火包圍。」

「熊熊大火整整燃燒了兩天兩夜才被撲滅。太和門在大火中變成了灰燼，皇宮裏亂成了一團。距皇帝的婚期只剩一個多月，而按照規矩，皇后的轎子必須從太和門進入皇宮。現在太和門被燒沒了，重新建一座宮門也來不及，皇後要怎麼進入皇宮呢？慌亂之中，慈禧太后做了一個讓人吃驚的決定：哪怕讓紮彩棚的工匠們搭建一座紙做的太和門，也要讓皇后經過太和門再入後宮。」

「甚麼叫紮彩棚？」我好奇地問。

「聽說是用竹子紮成骨架，再在上面貼上彩紙。喵——」

「那風一吹還不倒了？」

饅頭笑了：「事情神奇就神奇在這裏呢，喵——傳說，那座紙紮的太和門很快就被搭好了。它不但和以前的太和門一樣高大，連上面的雕塑、瓦片、彩繪都和真太和門上的一模一樣。別看它是紙糊的，但就算很大的風吹過，它都不會搖晃。連那些長期生活在皇宮裏的侍衞和宮女們，都看不出那是座紙糊的太和門。」

我眼睛睜得老大：「這也太神了！」

「可不是！於是光緒皇帝舉辦婚禮的那天，隆裕皇后的轎子就從大清門一路走到太和門，穿過紙做的假太和門，最後到達了乾清宮。」饅頭露出了嚮往的表情，「聽我祖

奶奶說，那是場無比華麗的婚禮。皇后進宮的時候還是半夜，人們手裏的宮燈把天空照得和白天一樣明亮。到處都是漂亮的彩帶，女人們身上的珠寶如夜晚最明亮的星星。抬皇后嫁妝的隊伍排了幾百米長，宴席上的魚、肉堆得像小山一樣。宮廷畫家們把整個婚禮都畫了下來。聽武英殿的野貓說，至今那幅畫還被藏在書畫館裏。」

「再華麗的婚禮有甚麼用？隆裕皇后最後還是沒有得到光緒皇帝的愛，一點兒都不幸福。」我歎了口氣，「後來那座假太和門怎麼樣了？」

「喵——還能怎麼樣？婚禮之後就被拆了。第二年，皇帝選了個吉利的日子重新修建太和門，新大門足足建了五年才建好。」饅頭碧藍色的眼睛閃耀出異樣的光輝，「但是，聽我的祖先說，就在新太和門被建好的那天晚上，那座紙做的太和門忽然又出現了。」

「怎麼回事？」我倒吸了一口涼氣。

「誰知道呢？喵——」饅頭說，「可能是紙大門不甘心吧，明明被製作得那麼精美，卻很快就被拆掉了。我祖奶奶猜，紙大門是想和新大門比一比呢。那是個颳着暖風的春天，就像現在一樣。紙大門的出現把皇宮裏的人嚇壞了，他們請來薩滿巫師作法，又請來和尚們唸經，折騰了好幾天，紙大門才消失。」

我擱在膝上的雙手顫抖起來：「難道，我們眼前的這兩座太和門中，就有一座是紙做的？」

饅頭點點頭：「應該是這樣的，喵——」

我的心一沉，紙大門要是明天被遊客們看見，那非成大新聞不可！不行，我要想想辦法。

「你知道怎麼走出這裏嗎？」我問饅頭。

「當然，我們貓可不像你們人類那樣愛迷路，喵——」

「別吹牛，你先把我帶到雨花閣再說。」

「看我的吧，喵——」饅頭帶我繞到其中一座太和門後面，稍微拐了個彎，我就看到了熟悉的太和殿。我佩服極了，自己走了這麼久都沒走出去，野貓們居然可以這麼輕易地就找到路，真是太厲害了。我們走出右翼門，朝着雨花閣的方向走去。春天的夜晚，又靜又暖。

「為甚麼要去雨花閣？喵——」饅頭問。

「去找龍或者斗牛，看他們有沒有辦法讓假的太和門消失。」

「他們啊……喵——」饅頭微微一笑，小聲說道，「估計怪獸們也亂成一團了呢。」

「你說甚麼？」

「沒甚麼，沒甚麼，你一會兒就知道了。喵——」

圓圓的月亮正懸掛在雨花閣上空。還沒走進雨花閣的

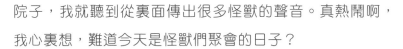

院子，我就聽到從裏面傳出很多怪獸的聲音。真熱鬧啊，我心裏想，難道今天是怪獸們聚會的日子？

　　一進院子我就覺得不對勁了，院子裏有兩個長得一模一樣的天馬，正撲扇着身後的翅膀在爭吵着甚麼。我使勁揉了揉眼睛，確定不是自己眼花了。

　　「我是真的天馬……」

　　「你就是個紙糊的！」

　　「你才是假的！」

　　…………

　　「看，我猜就是這樣。喵——」饅頭得意地鼓了鼓鼻子。

　　「這怎麼可能……」我的眼珠都要掉下來了。

　　「怎麼不可能？紙太和門上的怪獸們活了，真怪獸們就要頭疼了。哈哈哈，喵——」他一副幸災樂禍的樣子。

　　忽然，一團五彩祥雲從天而降，龍從裏面鑽了出來。

　　「小雨，你來得正好！」龍大聲說。我這才發現，他的身後跟着一條和他一模一樣的金龍。

　　「龍大人……你也……」我吃驚得說不出話。

　　「快來告訴這傢伙，我才是真正的龍大人！」龍生氣地看着他身後的龍。

　　「哦……」我猶豫了。說實話，我完全分不出眼前哪個

才是真正的龍。

雨花閣的大門「呼」的一聲開了，我的眼睛更花了。我居然看到兩個一模一樣的吻獸走了出來，他們身後還跟着兩個一模一樣的獬豸和兩個一模一樣的海馬，每個怪獸都是一臉怒氣。最後走出來的是斗牛，只有他是孤身一個。

「斗牛，為甚麼你沒有紙怪獸？」我問。斗牛還沒說話，饅頭就搶着說：「因為太和門上沒有斗牛的雕像。」

對啊，我怎麼忘了呢？太和門屋脊上的七個怪獸裏沒有斗牛。「太好了！」我像找到救星一樣拉住斗牛的牛蹄，「快告訴我，哪些怪獸是真的？」

「我……我也分不出來。」斗牛吞吞吐吐地說，「假太和門做得實在太逼真了，那些怪獸也是，很難區分！」

「照妖鏡！傳說不是有這種東西嗎？我們可以找神仙們借一下。」

斗牛搖着頭說：「照妖鏡只能區分出哪個是妖怪，哪個不是。紙做的怪獸也是怪獸，照妖鏡是照不出來的。」

「那怎麼辦？」我急得滿頭大汗。兩個海馬已經打起來了，而兩個吻獸站在我面前，正用同樣憂鬱的眼神看着我。

斗牛歎了口氣說：「唉，只有假太和門消失，假怪獸們才會跟着消失。怎麼能讓假太和門消失呢？」

「用火燒，假太和門是用紙做的，一把火就燒光了。

喵──」饅頭出了個餿主意。

我提醒他：「別忘了，真的太和門是用木頭做的，也怕火！這一切事情的起因，不就是當年大火燒毀了太和門嗎？」

「那就讓龍大人吐水好了，喵──」饅頭接着說，「讓所有紙都化成紙漿，這下沒問題了吧？」

「也許行，但我想假龍應該不會讓龍大人這麼做的。如果兩條龍打起來，故宮肯定要遭殃。」斗牛擔心地看了看兩條金龍，他們正虎視眈眈地瞪着對方。

饅頭氣沖沖地對斗牛說：「火也不行，水也不行，還是你自己想個主意吧！」

「我也沒甚麼好辦法。」斗牛皺起眉頭說，「假太和門裏融進了太多彩紮工匠們的心血，所以它才不甘心這麼消失。對了！讓我想想，上次它是怎麼出現又消失的……如果我沒記錯，太和門重新建好的那天晚上，月亮一升起來假太和門就出現了。幾天後，直到一個陰天，它才消失。難道……」

斗牛突然停住了，呆呆地望着天空中又大又圓的月亮，低聲說：「難道……是因為它嗎？」

「因為月亮？」我問。

「不，是光……我且試試看。」斗牛一下子站了起來。

我、饅頭和怪獸們都奇怪地看着他，不知道他要幹甚麼。

　　擺動了幾下長長的身體後，斗牛「騰」的一下飛上了高空。當他的身影比小蚯蚓還小的時候，我看到大團的雲彩從他的嘴裏「呼呼」地噴了出來。

　　「斗牛噴雲幹嗎？喵──」饅頭仰着頭問。

　　「不知道。」我搖搖頭。雖然我知道斗牛是會吞雲吐霧的怪獸，但是我實在想不明白，噴雲對讓假太和門消失會有甚麼作用。雲彩越來越多，越來越厚，漸漸遮住了明亮的月亮。四周慢慢暗了下來。

　　「喵──快看！」饅頭尖叫起來。我低下頭一看，目瞪口呆──院子裏，一半怪獸的身影變得模糊起來，像是被投影儀照到牆上的影子，一點一點地消失了。剩下的，只有一條龍、一個天馬、一個海馬、一個獬豸……

　　我忽然明白了：原來不管是假太和門還是假怪獸，我們看到的無非是光線下的影子而已；無論是月光下的影子，還是太陽光下的影子，只要光線一消失，影子自然也會消失。

　　「呼，這下好了！」我鬆了口氣。回去的路上，我故意繞道到太和門。黑夜中，莊嚴的太和門靜靜聳立在廣場上，像是甚麼事情都沒發生過一樣。我這才放下心來，朝

着媽媽辦公室的方向走去。而草莓雪糕，只能明天再去買了。

‖ 故宮小百科 ‖

太和門： 太和門是紫禁城內最大的宮門，也是外朝宮殿的正門。太和門建成於明永樂十八年（1420年），當時稱奉天門。嘉靖四十一年（1562年）改稱皇極門，清順治二年（1645年）稱太和門。順治三年（1646年）、嘉慶七年（1802年）重修，光緒十四年（1888年）被焚毀，次年重建。

太和門面闊九間，進深四間，門頂為重簷歇山頂，下為漢白玉基座。門前列銅獅一對，銅鼎四隻，為明代鑄造的陳設銅器。

太和門左右各設一門，東為昭德門（明朝稱弘政門），西為貞度門（明朝稱宣治門）。太和門前有廣場，內金水河自西向東蜿蜒流過。河上橫架五座石橋，習稱內金水橋。廣場兩側是排列整齊的廊廡，習稱東、西朝房，並有協和門（明朝稱會極門）和熙和門（明朝稱歸極門）東西對峙。東側廊廡在明朝用作實錄館、玉牒館和起居注館，清朝改作稽察欽奉上諭事件處和內誥敕房。西側廊廡在明朝為編修《大明會典》的會典館，清朝改為繕書房和起居注館。明朝皇帝在太和門「御門聽政」，接受臣下的朝拜和上奏，頒發詔令，處理政事。順治元年（1644年）九月，滿族入主關內後的第一個皇帝——順治皇帝即在太和門頒佈大赦令。

10
騎魚的羽人

　　就在「故宮典藏銅鏡展」開展的第二天晚上，御花園裏出現了螢火蟲。成羣的螢火蟲，從坤寧門越過四神祠，忽隱忽現地向寶相花街這邊飛過來，像是星星掉進了花園裏。

　　「螢——螢——螢火蟲。」

　　野貓們伸出了爪子，黃鼠狼們瞪大了眼睛，鳥兒們張開了翅膀，怪獸們抬起了頭。螢火蟲已經在故宮裏消失多長時間了呢？幾十年？上百年？誰也記不清了。

　　螢火蟲們在狐仙集市的彩色燈泡間穿梭，最後停在一個攤位上，變成藍色的光暈。這時候，大家才發現，集市上居然新出現了一個奇怪的攤位。一羣身後長着大大翅

膀、腦袋兩側有一對大耳朵的「人」正跪在地上，擦拭着手中古老的樂器。他們身穿雪白的長袍，袍子下面隱約露出的小腿上覆蓋着羽毛。

「是羽人，我在漢代的神仙博局鏡上見過他們。」楊永樂在我耳邊說，「聽說羽人可以長生不老，因為他們會製作長生不老藥。」

「他們來集市上幹嗎？」我問。

「如果是來賣長生不老藥的，我就算傾家蕩產也要買下來。」說着，楊永樂飛快地朝羽人的攤位跑去，我緊緊跟在他後面。集市上的動物和怪獸們全都被羽人們所吸引，他們都圍攏過來。動物們站在前面，高大的怪獸們站在後面。

我們擠到行什前面，站在一羣黃鼠狼的後面。在離羽人們最近的地方，一隻白貓正忙着用迷你相機「喀嚓、喀嚓」地為他們照相。梨花總是能最快地發現故宮裏的大新聞，我不得不佩服她。羽人們開始演奏了，他們有的吹笙，有的吹竽，有的彈古箏，也有的擊鼓……樂曲的旋律緩慢而悠長，聽起來和現在的流行音樂完全不同，但我覺得也很好聽。

楊永樂可不這麼想，他悄悄打了個大哈欠：「真像催眠曲……」

「噓！」我舉起食指。上次媽媽帶我去聽音樂會的時候說過，在別人演奏的時候打哈欠和小聲說話，都是很不

禮貌的行為。但說實話，羽人們演奏的樂曲的確有點兒像催眠曲，節奏比烏龜爬還慢。我一直努力睜大眼睛不讓自己睡着，但聽到最後腦袋還是耷拉了下來。大約二十分鐘後，他們停止演奏的時候，至少一半的觀眾都睡着了。

結束了演奏的羽人們，微笑着拿出了他們今天要賣的商品。那是一個圓圓的木托盤，上面有四五個用棕色的草紙包成的小紙包，紙包上寫着個大大的「藥」字。

「快看！那是不是你要的長生不老藥？」我使勁搖晃着蹲在旁邊打盹兒的楊永樂。

楊永樂抬起頭，眼睛卻依然沒有睜開：「你說甚麼？」

「長生不老藥！」我大聲嚷着，「你要是再不去搶，估計等你睜開眼睛時連藥渣子都不會剩了。」

我的聲音不僅叫醒了楊永樂，也叫醒了大多數睡着的動物們。大家一下子都圍到那個小小的木托盤前，虎視眈眈地盯着那幾個少得可憐的小紙包。

「這就是長生不老藥？」

「多少錢？」

「能拿我的楊梅酒換嗎？」

「這些我包圓兒了！」

⋯⋯⋯⋯

　　大家的眼睛裏都閃着亮光。沒想到捧着托盤的羽人卻搖了搖頭說：「這不是長生不老藥。沒有西王母的准許，我們不能把長生不老藥賣給任何人。這是治療蚊蟲叮咬的仙藥，加入了我們自己獨特的配方，只要抹上一點點，整個夏天，蚊子和蟲子們都不會再來騷擾你。怎麼樣？要不要買一包試試？沒有錢的話，也可以拿食物和酒來換。」

　　大家頓時都露出了失望的表情。

「甚麼啊，還以為是長生不老藥呢。」

「我身上的毛這麼厚，哪隻蚊子也咬不到我啊。」

「蚊子和蟲子要是躲着我，我就餓死了。」

「走嘍，走嘍，回去做生意吧。」

⋯⋯⋯⋯

　　很快，羽人攤位前的動物和怪獸們就走光了。我卻站在那兒沒動。

「這種驅蚊蟲藥多少錢？」我問羽人。

「一兩銀子。」

騎魚的羽人

「我沒有銀子，你看拿這個錢來買可以嗎？」我從兜裏掏出七八枚一元錢的硬幣。銀色的硬幣在螢火蟲的光芒照耀下亮閃閃的。

「真漂亮啊！那就賣給你吧。」羽人接過硬幣，硬幣相碰撞發出好聽的聲音。我接過一小包藥，小心地放進衣兜裏，向羽人道了謝。故宮裏人少蚊子多，被牠們咬上一口就會鼓起一個大包，癢癢得要命。一想到整個夏天都不會再被討厭的蚊子們騷擾，我心裏就忍不住地高興。

我和楊永樂告別後，沿着內金水河朝媽媽辦公室的方向走去。月光靜靜地照在河面上，河水發出清脆的「嘩嘩嘩」聲。一道銀色的亮光從流動的河水中迅速閃過，「是條大魚的脊背吧？」我想。金水河裏可是有不少大魚的。

我繼續沿着河邊走，水聲越來越大，水上翻起一道道波紋。

忽然，一個黑影躍出水面，還沒等我看清楚，它就在半空中畫出一條弧線，「啪」的一聲落回了水裏。我吃驚地睜大眼睛，一邊往前追，一邊盯着水面看。

果然，沒過一分鐘，那個黑影就又躍了出來，騰飛到半空。我定睛一看，那不是一個羽人嗎？他正騎着一條閃着銀光的大魚，在金水河裏奔騰。

「喂！你是誰？」我邊跑邊問。

羽人像勒住馬一樣勒住他身下的大魚，一下子停住了。

他看着我，驚訝得結巴起來：「我……是誰？你問我是誰？」

「沒錯，是我問的。」我雙手扒着漢白玉圍欄說，「我叫李小雨，你是羽人吧？羽人也有名字吧？」

「當然！」羽人不服氣地說，「我叫丹。」

「丹？只有一個字？」

「羽人的名字都只有一個字。」

「你好啊，丹！」我揮着手說，「你能離我近一點兒嗎？」丹沒說話，但默默地拍了一下大魚的肚子，大魚就聽話地游到了我面前。借着明亮的月光和路旁的燈光，我發現丹和我剛才看到的羽人有點兒不一樣，他看起來比他們小，像個少年，羽人少年。

「丹，你這麼着急，要到哪裏去啊？」我問。

丹低聲答道：「告訴你也沒關係，我想回我的家鄉去。」

「羽人的家鄉嗎？」我好奇極了，「那是甚麼地方？」

「它叫丹丘，是個沒有黑夜只有白天的地方。」丹說。

「沒有黑夜？那怎麼睡覺呢？」

「羽人不需要睡覺。」丹抬頭看着暗黑的天空說，「我們是太陽的國民。」

「丹丘離北京很遠嗎？」我問。

「很遠吧。」他似乎並不確定。

「你要怎麼去呢？騎着魚去嗎？」

「不，不，騎着魚可不行。」他笑了，「聽我媽媽說，想回到丹丘，需要找到三隻願意為我引路的烏鴉。我們一路飛回去。只有烏鴉們認識去丹丘的路。」

「難道你們自己不認識回家的路嗎？」我感到有點兒奇怪。

丹低下頭，臉上露出憂傷的表情：「我很小的時候就離開那裏了。我只記得，那裏是一個到處閃耀着橙色光輝，流淌着不可思議的音樂，散發着甜甜的花香的地方。我一直夢想回到那裏，但我媽媽和其他的羽人卻並不想。他們只想跟在西王母的身邊，她走到哪裏，他們就走到哪裏。」

「所以，你打算一個人飛回去？」我吃了一驚。

「沒錯，所以你要幫我保密。如果被我的同伴們知道了，他們一定會阻止我。」他眼神堅定地說，「我已經打定主意，無論怎樣都要飛回丹丘。」

「要是你飛到一半就飛不動了怎麼辦？」

「我可以在扶桑樹上休息。」

「要是你被人看到怎麼辦？」

「我會飛得高高的，躲進雲朵裏。」

「要是沒有烏鴉願意為你引路怎麼辦？」

騎魚的羽人

聽到這個問題，丹不屑地說：「故宮裏那麼多烏鴉，我就不信找不出能為我帶路的烏鴉。」

「我覺得沒你想得那麼簡單。」我忍不住給他潑冷水。

「你太不了解烏鴉們了。丹丘有很多的烏鴉，為羽人帶路是烏鴉們的榮耀。」丹挑起了嘴角。

好吧，丹丘的烏鴉我不了解，但是故宮裏的烏鴉我太了解了。他們貪吃，喜歡看熱鬧，喜歡聚在一起聊八卦消息，每一隻都絕頂聰明。我不認為他們會為了幫助別人而飛那麼遠的路。「你可以去試試。」我不想繼續給他潑冷水。

「我會讓你看到烏鴉們如何爭先恐後地為我帶路。」丹自信地微笑着，「不過，你知道現在這個時候哪裏能找到烏鴉嗎？」

「當然。」我點點頭。丹張開翅膀，從魚背上「呼」地飛起，落到我面前。我帶着他穿過重重疊疊的宮殿，來到斷虹橋旁。斷虹橋的兩岸，十八棵古老的槐樹像是十八把大傘聳立在那裏。高高的、向四處伸展的枝幹上，棲滿了黑色的大鳥。這些古槐樹，是烏鴉們舒適的休憩地。

「大家好！」丹一說話不要緊，沉睡的烏鴉全都被驚醒了。他們拍動翅膀，從樹上躍起，飛舞起來，一時間，槐樹林裏亂成一團。

「怎麼了？」

「出甚麼事了？」

「怪物來了？」

「鬧鬼了嗎？」

…………

烏鴉們一邊「呱呱」大叫，一邊四處亂飛。有的甚至撞到一起，跌到樹下，誰也不知道發生了甚麼。

「喂，喂，你們別慌！」我大聲對烏鴉們說，「沒出甚麼事，也沒甚麼危險。只是我帶來一個朋友，他想請求你們的幫助。」

「幫助？」

「找我們幫忙？」

「在大半夜？」

…………

烏鴉們「呱呱」抱怨了好一陣，槐樹林裏才安靜下來。

領頭的烏鴉黑眼上下打量了一會兒丹才說：「你是羽人嗎？」

「沒錯，我是羽人。」丹很恭敬地行了個禮說，「各位神鳥，我叫丹，出生在丹丘。在我的國家，你們都是神鳥，受到所有羽人的崇拜。」

「神鳥，他叫我們神鳥……」一隻年輕的烏鴉還沒說完，就被黑眼一個眼神給制止了。

騎魚的羽人

「是的，我知道這件事。」黑眼說，「在丹丘，是我們烏鴉替你們駝着太陽，才保證那裏的太陽永不落山。」

「是的，尊敬的神鳥。」丹接着說，「所以，每隻烏鴉的體內都會有天生的磁石，永遠都知道丹丘的方向。一個羽人如果想回到丹丘，只有依靠三隻烏鴉來領路，才能找到正確的方向。」

「你不會是想讓我們幫你領路吧？」黑眼瞇起了眼睛。

「我正有此意。」丹又行了個禮，「我希望能得到三隻神鳥的幫助，帶我回到家鄉。」

黑眼冷笑了一聲說：「那你問問看吧，這裏哪隻烏鴉願意為你帶路。」

丹抬起頭，充滿期待地問：「有神鳥願意為我帶路嗎？」剛才還「呱呱」叫成一片、怎麼都停不下來的烏鴉們，此刻卻安靜極了，別說出聲，連動都沒有動一下。

「看到了嗎？」黑眼問，「不是我們不願意幫你，只是因為故宮裏食物充足，氣溫合適，也沒有人會傷害我們，是很理想的棲息地。沒有烏鴉願意離開這裏去冒險。」

「冒險？」忽然，他旁邊一隻年輕的烏鴉出聲了，「您是說去丹丘的路途很危險嗎？」

黑眼不高興地看了看那隻烏鴉，說：「當然！誰都知道去丹丘的路有多危險。除了你，烏子。一路上要經過陡峭

的高山、乾旱的沙漠、颳着怪風的草原，一不小心就會丟掉性命。就算你能忍受這些惡劣的自然環境，你也可能會被人類的飛機撞死，被獵人打中，被污染的河水毒死……總之，那是非常非常危險的。」

那隻叫烏子的烏鴉不說話了，但他的眼睛卻緊緊盯着丹。一時間，烏鴉們都被黑眼的話嚇住了，大氣都不敢出。

「雖然是有些危險，但你們是最聰明的鳥類，一定會躲過這些危險的。」丹仍試圖說服烏鴉們，「難道你們就不想去看看丹丘的樣子嗎？在那裏太陽永遠不會落下，四處都是茂密的森林，大地鋪滿花朵，羽人們為烏鴉們建造了最華麗的宮殿，烏鴉在那裏就像神一樣被崇拜……」

「等等，你說我們像神仙一樣被崇拜？」又一隻烏鴉說話了，他有一雙格外黑亮的眼睛，「這聽起來真不錯，在這裏我們總是被當作不吉利的鳥，被那些老太太趕來趕去的。」

「當然。」丹的眼裏燃起了希望，「羽人們每隔一段時間都會為你們舉辦祭祀儀式，會把最好的食物都送給你們。」

「最好的食物？都包括哪些？」這次說話的，是一隻塊頭很大的烏鴉。他說話有些慢，顯得笨頭笨腦的。

丹笑了：「我們會拿出最好的莊稼、最甘甜的水果、最大的魚……」沒等他說完，大塊頭烏鴉就吞了一下口水：

「魚？我最愛吃魚了。」

　　黑眼狠狠瞪了他一眼：「恐怕你還沒吃到魚，就先沒命了。」大塊頭烏鴉不敢再說甚麼了。

　　「好了，丹，我們已經給了你答案。」黑眼轉過頭對丹說，「故宮的烏鴉們出生在這裏，生活在這裏，從來沒有想過要離開。丹丘對我們來說，不過是一個古老的傳說。我們不能幫你帶路。」

　　「可是……」丹似乎還不死心。

　　「現在請你離開吧。」黑眼打斷他的話，「我們要休息了。」

　　說完，他閉上了眼睛，其他烏鴉看到後，也趕緊都閉上了眼睛。我和丹只好離開了槐樹林。

　　「看，和我想的一樣，沒那麼簡單。」我對丹說，「不過你也別放棄，故宮外面還有很多烏鴉，他們不會都這麼想。」

　　我的安慰似乎沒有讓丹好過一點兒。他耷拉着頭，翅膀鬆垮垮地拖在身後，一點兒精神都沒有。

　　「我可能一輩子都回不到丹丘了。」

　　「一輩子？羽人不是長生不老的嗎？」

　　「所以，羽人的一輩子就是永遠啊。」他更傷心了。

　　就在我不知道該如何勸他的時候，身後忽然傳來了扇

動翅膀的聲音。幾隻烏鴉——飛近了發現是三隻——正朝我們飛過來。我們停住腳步，吃驚地看着他們。

咦？這不是剛才問問題的那三隻烏鴉嗎？被叫作烏子的烏鴉，眼睛黑亮的烏鴉，和那只笨頭笨腦的大塊頭烏鴉。

「你們……」丹半張着嘴，驚訝得說不出話。

「對，就是我們。」烏子先說話了，「我叫烏子，他叫精豆，最胖的那隻叫肥呱。我們三個商量了一下，決定和你一起去丹丘。」

「真的嗎？」丹簡直不敢相信自己的耳朵。

「是真的。」精豆接過話說，「我們三個本來就是好朋友。烏子喜歡冒險，但是故宮裏沒有任何危險；我一直渴望受到別人的尊重，但在這裏烏鴉並不受歡迎；而肥呱就簡單多了，他喜歡吃魚，多少魚都能吃下去，但是烏鴉卻不會游泳。」

「所以……你們已經決定了？」丹問。

「是的，決定了。」三隻烏鴉同時點點頭。

「我們隨時可以和你一起離開。」烏子說。

「太棒了！謝謝，謝謝你們！」丹激動極了。

那天凌晨，月亮還沒來得及落下，羽人丹就和三隻烏鴉一起出發了。

第二天放學比平時要早，我和楊永樂一起去看「故宮

典藏銅鏡展」。走到一面漢代的「神仙博局銅鏡」前時，楊永樂眼睛瞪得老大。

「不對勁啊。」他嘀咕道，「銅鏡背後的圖案好像變了。」

「怎麼變了？」我悄悄問他。

「你看這裏，這裏以前有個騎魚的羽人，但現在不見了。反而多了一個牽着三隻鳥在天空中飛翔的羽人……」

「那是烏鴉。」我搶着說。

「你怎麼知道是烏鴉？」他問。

「反正我就是知道。」我神祕地一笑。

銅鏡上少了一個騎魚的羽人，多了一個牽着烏鴉飛翔的羽人，但除了楊永樂，好像誰也沒發現。

故宮小百科

神仙博局銅鏡：故事中的這面鏡子也被稱為博局紋人物畫像鏡，它鑄造於東漢早期，圓形，座外圈有弦紋和平滑的寬方欄，兩者間連有短線紋。在這面鏡子的方欄上，裝飾有「T」形紋，其四角對應鏡內緣裝飾有「V」形紋，而在與「T」形紋對應的鏡內緣上飾「L」形紋。這些紋樣因像工具中的「規矩」，故舊習稱為「規矩紋」，而歐美學者稱之為「TVL紋」。這種花紋來自從漢代一種名為六博棋的博具，因此被稱作「博局紋」。曾經有一面「四神博局紋鏡」，它的銘文寫道「刻具博局去不羊」，即是說這種「博局紋」具有吉祥辟邪的作用。

這面神仙博局銅鏡在博局紋的空間還雕刻了四組人物畫像。第一組畫面為獵虎圖，獵者單腿跪於地上，對着中箭受傷的老虎張弓搭箭；第二組畫面為嫦娥飛天玉兔搗藥的月宮圖；第三組畫面為捕魚圖，一個人在水中拉着繩子，繩子繫着三條魚，魚的上下還有四隻鳥。有人說這個人是神話中的羽人，也有人認為這畫面取自《山海經》故事。《山海經·大荒南經》載：「有人名曰張宏，在海上捕魚。海上有張宏之國，食魚，使四鳥」；第四組為放鳥圖。